数学圈丛书
MATHEMATIC CIRCLES

湖南科学技术出版社

证明与布丁

The Proof
and the Pudding

【美】吉姆·亨勒 Jim Henle——著

殷倩——译

目录

前言

阅读这本书的前提是，如果你能正确看待数学和烹饪，你就会发现两者之间有着惊人的相似之处。这本书旨在探讨数学和美食烹饪法，揭示出两者本质上的相似之处。

当然，数学和烹饪是两码事。即使你把数字吞下肚，也算不出一块英格兰松饼的平方根。对大多数用餐者来说，一碗实实在在的意大利细面条比任何理论盛宴中的数字更令人心满意足。但这是错误的观点。

相反，我们要思考烹饪和数学有何共同之处：它们都是从手工操作开始，简单而实用。它们逐渐发展成艺术，复杂多样而又令人愉快。通常，它们以指导清单的形式呈现在你的面前，都会带给你特殊的体验，都会产生困难，都会赞颂胜利者，也都会令新手胆怯。

这只是开始。

但是我必须提醒你，这是一本关于数学和烹饪的书，但不会引申得出两者之间的关联，尤其是数学对烹饪是没有什么用途的。有时，数学可以在厨房发挥作用，但这不是这本书要说的。

此外，数学本身不是这本书的要点，我会让你看到一些数学内容，真的是很酷的数学（实际上是一些令人难以置信的东西），目的是向你说明数学的特点。但这不是一本"数学"书。

食物也不是这本书的要点。这本书里有食谱，好的食谱，令人震惊不已的好食谱，但它们是为了更高等级的目的而存在的，所以这也不是一本烹饪书。

读了这本书之后，你可能会更了解数学，也可能更了解烹饪，但这都是次要的。这本书的目的是让你以一种新的方式看待数学和美食学，就像看异卵双胞胎那样。

我想要让你相信：

1. 我们接触数学和烹饪的原因或多或少是相同的。

2. 我们解答数学题所持的观点、态度以及所使用的方法与我们解决厨房中的问题时所用的是一样的。

3. 我们判断数学和评判食物的很多标准是相同的。

4. 总的来说，数学和美食里的生活惊人地相似。数学家和厨师拥有相似的梦想、相似的担忧，也有相似的令他们产生负罪感的秘密。

关于数学和烹饪我要说的还有很多。从数学和美食学的角度，我对美学、创造力、灵感、策略、天赋和堕落有自己的看法。我想要把它们放到一本书里。

还有一点要说明的是这本书有一个更深层次的目的。在数学命题和油酥糕点的背后是这本书真正的主题 —— 乐趣。

从事数学研究和烹饪都是有原因的，但是在这两个领域里，主要动机都是快乐。从美食学的角度看，这并不难理解，但是令人惊讶的是，数学家们也是享乐派。

我无意表现得不够谦逊，但是我的确认为自己很擅长找乐子。你可以问问我那些朋友。他们都会告诉你相比那些应该有的，我还有更多有趣的事。

我能从重复的工作中发现乐趣，我对看似毫无希望的任务乐在其中，就算出了大错，我也能从中找到兴趣点。

如果有什么是我感兴趣的，我会毫无保留地投入其中，可能一整段快乐时光里有的只是画满直线的纸、和着一小块黄油的面团。

我并不清楚这到底是怎么回事，但就像参禅，我的内心有这样的激情，我愿意与你们分享。

致谢

我要向很多人表达谢意。

那些帮助我寻找论据的人，那些帮我做布丁的人，那些对我的计划和想法提供支持，对最终实现起到至关重要作用的人。还有在这本书里走个过场，露脸或者没有露脸的我的家人们。最后，正如那位诗人所说，他们还提供坐下来吃的服务。

我尤其想感谢比尔·兹维克和凯西·布罗迪、大卫和桃瑞丝·科恩、卡特波托和尤兰达·加尔萨、约翰和马特·索恩、卡洛琳·考克斯和山姆·伯金斯、史蒂夫·斯皮茨和辛西娅·因戈尔施塔特、玛乔丽·辛妮切尔和斯坦·谢勒、罗恩和戴尔·布兰科、克劳斯·彼得、薇琪·凯尔恩、我的学生们，以及汉勒斯·艾莉森、弗莱德、波西娅和希达。

在本书完成前的最后阶段，普林斯顿大学出版社的工作人员 —— 迪米特里·凯尔特尼科夫、卡罗尔·施瓦格尔、马克·贝里斯，还有我之前提到的薇琪·凯尔恩给予我的关心、理解和热忱的帮助鼓励了我。

最后，要感谢利昂·斯坦梅茨，他画的插图惊人的好。

吉姆·亨勒
2014 年 7 月

第一章

疯狂的科学家

我们先从两个小调查开始，分别是数学和烹饪方面的。从表面上看，它们有些许相似之处，但没有更恰当的词来形容这些相似之处，暂且称它们为"精神"相通，我会在最后详细说明。

涂鸦

几年前我开始涂鸦，我拿着纸和笔坐下来时会毫无目的地画一些线。我画了一个带网格线的正方形。

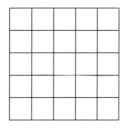

我在一些小方格里画上对角线。

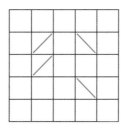

我将这些线想象成镜子。我想知道如果一束光线射入这个正方形，并且开始四处反射会发生什么。

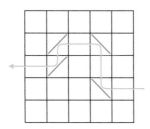

我注意到这束光可能光顾同一个小方格两次，也就是说它能在同一面镜子上产生两次反射。

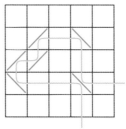

这让我很好奇光的反射可以持续多长。以一个正方形为例，假设我可以随意摆放镜子，我能设置的路径有多长？

我从小正方形开始。2×2 正方形允许路径长度为 5。

（我对光束可进入的每一个小方格进行计数，进入两次的算 2 个。）

而面对 3×3 正方形，我最初得到的路径长度为 9，

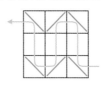

之后得出长度是 10，

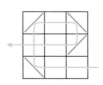

再后来长度是 11。

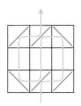

看起来这是我能得到的最大值了。

是吗? 真的吗? 我在做些什么呢?

我只是觉得有点好玩。最初是一个网格,之后里面有了镜子。我自己毫无计划地画一些线,再胡乱画一些对角线,追踪光的照射路径。

我那时很好奇,我想知道自己能为光线设定多长的路径。我想知道 4 × 4 正方形、5 × 5 正方形 …… 中光能走行的最长路径,以此类推不断地计算下去。一段时间之后,我又好奇如果是长方形会怎样。

你可能已经意识到自己正在面对一个对简单、原始的纸笔运动乐此不疲的人。当我最初想到在正方形里放上镜子的时候,我一个接着一个地画了一个又一个网格。

我能为 4 × 4 正方形设定的最长光行路径为 22。

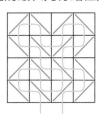

我能为 5 × 5 正方形设定的最长光行路径为 35。

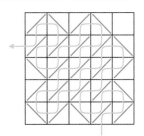

但是看起来有点小遗憾,不是吗? 我设定的路径从未到达一个小方格(右上角的小方格)。如果我让光线行经每一个小方格,我还能得出一条更长的路径吗,不能吗? 但是我试过了,我觉得不能。

　　一番思考后，我能证明我所得出的 4×4 正方形的光行路径长度可能就是最大值。

　　你可能会怀疑："这真的是数学吗？"

　　这的确是数学。我以宽泛的态度看待这一学科，于我而言，任何可以被完整、清楚地描述出来的结构都是数学结构，而任何可以准确证明关于这个结构的命题都是数学命题。证明是数学的一大成就。创造这样一个结构，对其进行探索，证明关于它的各种命题 —— 这就是数学。

　　正方形的结构、镜子以及光的射线可以被完整、清楚地描述出来，并且在 4×4 正方形里光可以行走的最长路径为 22 正是一个数学命题。

　　以下是我对 4×4 正方形最长光行路径为 22 的证明：

　　因为我们已经有了一个上述命题的例证，现在要做的只是证明不可能再有更长的路径了。

　　很明显，光最多可以进入同一个小方格两次，就像这样

或者这样

　　但是只能进入处在边缘的那些小方格一次，

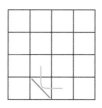

　　除了光正在进入或者离开的时候

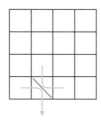

　　因此，我们能做到的极限值是：

　　1. 探访内部的四个小方格两次；

2. 探访处在边缘的小方格一次；

3. 探访其中两个处在边缘的小方格两次。

这样，正如前面的例子所展示的，我们得到的总和是 22。

1	1	1	1
2	2	2	1
1	2	2	1
1	1	2	1

这也证明了 22 是我们（所有人）能得到的最大值。

我称它为"涂鸦"。还有更多种涂鸦，任何人都能创造出自己的涂鸦——仅仅是按照自己的意愿制定规则。比如说我，对这种单面镜涂鸦乐在其中。它是这样的：

镜子只有一面会反射光，这是一个小例子。

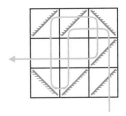

有很多乐趣在其中，我认为我能在 4 × 4 正方形里实现长度为 33 的光行路径。

还有各种各样的涂鸦，我建立了一个网站，这本书里大部分章节都在网站上有注释说明：

press.princeton.edu/titles/10436.html

我请各位读者来网站看看，特别要告诉你们的是，那里有很多涂鸦。

我也请你与我分享你的涂鸦：jhenle@smith.edu

面条

这个标题看起来有点突兀。面条和涂鸦看起来完全没有共同之处，但我会在这一章节结束的时候再说。

事情源于几年前，当时我正为朋友们准备晚餐。我原本计划做意大利面。

但是当我知道有一位客人有乳糜泻症，对小麦蛋白过敏时，我的计划就被打乱了，她不能吃小麦做的意大利面。

这真是个坏消息，但我还是决定做意大利面。在杂货店我发现了一种玉米做的意大利面条，就买了一箱，做好之后就招待我那些困惑不已的朋友们吃了一顿面糊糊。

可能是因为煮过头了，但是我想不将玉米意大利面条煮透的唯一方法就是把它留在杂货店里。

我的客人尴尬地向我表示了感谢。我本来可以将这事就此忘掉，但是我看到了令我好奇着迷的挑战。有什么可以替代意大利面呢? 我能不能找到一种物质是:

- 不含麸质，并且
- 吃起来和意大利面一样呢？

不是饺子，不是团子，也不是蒸粗麦粉，这些都含有小麦。

我想要的是一种用途很多的人造意大利面，可以轻松取代通心粉或斜管面。法式炸薯条、球芽甘蓝、玉米片……我几乎都试过了。

这似乎是艰难无比的挑战，甚至可能毫无意义，但这确实令我着迷。

而且这项挑战让我乐在其中。如果我告诉你们，经过几年的尝试，我的意大利面替代品已经上桌了，你们会被吓到吧。我在成功和失败间游走，除了我的家人，没有人受到伤害。

我做过最快乐的实验是需要剥玉米粒的。以下是一个可行的范例。

玉米意大利面：斯提尔顿奶酪和胡桃仁
（四人份，作为第一道菜）

略多于 ½ 杯的胡桃仁
略多于 ½ 杯上好的、熟的斯提尔顿奶酪
4 杯新鲜甜玉米粒
2 汤匙花生油
盐适量

胡桃仁烘烤后[1]，剁碎。
奶酪剁碎。
炉上放一个足够容纳所有玉米粒的平底锅，开高火。锅烧热后加入花生油，等油变热后放入所有玉米粒，并翻炒均匀，直至玉米变熟（3 分钟或者更短的时间）。

改小火，除了坚果，将余下的食材一起入锅，翻炒直至奶酪熔化。根据个人口味放盐调味，撒入坚果碎粒后就可以上桌享用了。

---

[1] 我烤干果的方法：将干果置入中档温度的烤箱中。当它们燃烧起来，就把它们拿出来丢掉。在烤箱中放入更多的干果，仔细观察。约一分钟查看一次，直至它们散发出香味，略微变色。取出干果，关闭烤箱。

有人可能会抱怨说"玉米不像意大利面那样软，而且玉米也不如意大利面那样入味儿"。确实是这样，但是这是一道绝佳的美食。

如果你想要一种口感软的意大利面替代品，用米就可以了，但是，我说的不是意大利调味饭。意大利调味饭不是意大利面的替代品。无论你用什么酱料，真正的意大利面的烹饪过程几乎是一样的。意面替代品的烹饪其实就是与酱料进行混合，而不同的意大利调味饭有不同的烹饪方法。

米的种类很重要，好的泰国香米可以带给你松软的口感，但米粒和许多意面酱料一起咀嚼时的口感就不一定软了。

代意面米饭：黄油和鼠尾草
（四人份，作为第一道菜）

1⅓ 杯新鲜香米

1⅓ 杯水（见下文）

3 汤匙黄油

¼ 杯切碎的新鲜鼠尾草

⅓ 杯新磨帕玛森芝士

盐适量，但不少于 ½ 茶匙

我从本地一家亚洲食杂店买了一袋 25 磅装的香米。多半这些米袋上会标识着"新米"，或者类似的字样。这种米是最佳食材（除非它并不是真的新米），一杯米用一杯水。如果米不怎么新鲜，每杯米再多加 1~2 茶匙[2]的水似乎会好一点。

将米和适量的水放入煮锅，盖上锅盖，炉火至高档。当水开始沸腾（但在水沸溢之前）将炉火尽可能降至最低，一直盖住锅盖。锅中的米会冒泡，出蒸汽。当你看到锅盖下不再有水蒸气散出（但是要在米变焦糊之前）关火停止加热。这一步骤大概需要 5~6 分钟。继续盖住锅盖将米饭在锅中静置 5 分钟。

将黄油放入一个大碗。将静置好的米饭用叉子拨入碗中，翻动使大米粒均匀裹上一层黄油。加入鼠尾草和芝士，搅拌混合，加入适量的盐。我喜欢用海盐，如果颗粒比较大，可以将盐晶磨细。

[2]或 3~4 匙的水。

但愿你们没被我这个米饭做法难住。其实这个方法并不难，你有几分钟的时间可以将火调小。如果米和水溢出也没什么，只是弄得一团糟而已。

你还有几分钟的时间可以停止加热米饭即使糊了，大部分的米饭还是好的。对于锅底烧焦成咖啡色的米饭，我还有一个很棒的食谱可以分享。

还有其他的好点子吗？鹰嘴豆？西葫芦？油炸薄肉片？这样的尝试、创新永无止境。

以下网站还有很多食谱[3]：

press.princeton.edu/titles/10436.html

我对你们的食谱也很感兴趣。

面条和涂鸦

除了英文读音（noodles and doodles），面条和涂鸦没有什么共同之处。我想通过它们证明数学和美食烹饪学之间的共同特征，而这些特征会在本书中反复出现。

首先，它们都是充满乐趣的事，当然，有时候我们做饭只是因为饿了，而有时候我们进行数字计算是因为不得不纳税。但是真正的烹饪和数学确实是一大乐事。它们是结构和材料的游戏，伴随它们的是能够深深吸引你的创意和美味。

其次，尽管吸引力与审美有关，但是也与智力相关。我们都是好奇宝宝，我们想去品尝味道，想自己动手修修补补；我们想去探索，有所发现。我们尽情享受未知的一切。

第三，也是最重要的一点，我们常常不知道自己在做什么。我们踯躅徘徊。数学和美食学是难以理解的神秘事物，我们必须在不断犯错中成长、进

---

[3] 包括焦糊米饭布丁的做法。

步。我们成为实验者，尝试这个，尝试那个。看上去我们好像没什么章法，但事实并非如此。出人意料的是，对最优秀的厨师和数学家来说，四处碰壁，在失败中继续尝试也是一种有效的方法。

下一章节我们会关注在失败中进步。

告诉我们如何解开数学题的书成百上千，而讲述烹饪方法的书成千上万。下一章我（可能）会说服你相信一把钥匙有时不止开一把锁。

第二章

自大的厨师

我不时会听到有人说："我不会烤面包"。

我常常会听到这样的说辞，很熟悉，即使用词不同，但语气一致。

"我不懂数学"。

相似的自白，同样的伤感。与缺点无关，也没有焦虑。其实，每一个人都会数学，而所有人都会烤面包。做数学题与烤面包都是在练习解决问题，而最值得我们注意的是解答数学问题的最佳方法也是解决厨房中烹饪问题的最佳方法。

对于解决问题我有自己的一套简单理论。要解决问题你需要的是人格分裂。首先，你需要自信。好的问题解决者确信自己能解决任何事情。面对一个问题，成功的解决者会无所畏惧，他们相信自己会找到突破口。

但是，你还需要怀疑。一旦你有了一个答案，自信心会变得没什么意义。你需要质疑自己的答案，担心它是否正确。检验你的答案，剖析它，最终，好的解决者的行为似乎在告诉我们他们已经确信自己的答案有不对的地方。

我想你可以理解这些人格的意义何在。起初，你需要自信，没有自信很难开始。即使你已经开始了，缺乏自信会削弱你的力量和决心。

之后，当你有了一个答案时，你需要的是谦虚、具有质疑精神的人格。你想要分析、理解自己的答案，检查是否还有疏漏和欠缺之处。

第一种，即自信的人格是最难得的，因为你不能仅靠简单的决定，想要自信就可以自信的。我向我的学生们建议，用一种替代品来代替自信的人格，似乎收效很好。我告诉他们自大、傲慢一些，而绝大多数人都能做到。

烤面包

我们通过一个例子来看看自大、傲慢如何在厨房里行得通。就一起聊聊面包吧，那么多人写过第一次尝试烤面包的恐怖经历，总是会有各种困难，想要知道的太多，而失败的原因五花八门，至少看起来是这样。酵母放了多少，怎么揉面，如何给面团定形，何时算烤得恰到好处，这些要花很长时间才能学会！

我们来看一位自负（无知）的厨师如何用一个简单的烹饪方法，只尝试一次烤面包就成功的。

超清淡面包

1 包干酵母

½ 茶匙糖

⅓ 杯温水

2 茶匙盐

2 汤匙油

2 杯温水

5~6 杯面粉

2 个 9 英寸的面包烤模

用于润滑烤模的黄油

用一个小型容器将酵母、糖和⅓杯温水混合在一起。在一个大碗中放入盐、油和 2 杯温水。当酵母混合物起泡时倒入大碗中，开始添加面粉。每次放入的面粉量为一杯或少于一杯，直到硬面团成形。揉面后用一块湿布盖住面团，让它开始发酵。当面团变成原来的 2 倍大时，将它拍打下去。待面团再次发酵时，将它分成两份，定形成要烤的面包形状，之后放入用黄油润滑过的烤模。当面团膨胀为原来的 2 倍大时，将它们放入提前预热到 220 摄氏度的烤炉中，烘烤 45 分钟。如果拍打面团的底部发出空空的声音，并且面团可以轻松滑出烤盘，就说明面包烤好了。取出烤好的面包，晾凉即可。

就是这样，极简抽象派的食谱。

谦卑的厨师会说："这并没说明要加多少面粉或者怎么揉面。我需要提前知道这些，但是我并不知道。真是没什么希望能做成了。"

但是自大的厨师这样想："食谱里没有说明的部分一定是不太重要的，我要试试看会发生什么。"

让我们也自大地尝试一下吧。

直到加入面粉这一步我们都没有任何问题。我们没有面包粉，用的是多用途面粉。（烤面包不也是多种用途中的一个吗？）我们加面粉直到很难再搅动面和水时，也许是时候揉面了。

我们对揉面的概念认识不清。你也许看过"铁厨"如何揉面，或者在Youtube网上看过一些相关的视频。无论怎样，我们都要把双手放到碗中，来回揉混面团。面可真黏，看上去不对，可能需要加入更多的面粉。我们再加一些面粉设法解决这个问题，可能会有一些面粉洒在台面上，也可能不会。过了一会儿，我们判断揉面可以结束了。生面团看起来一点都不光滑圆润，但是我们还是把它放到一边发酵。

在哪发酵呢？碗里？在操作台上？床下？用碗好像不好，因为有些面粉沾在上边，所以我们把生面团放在操作台上。

我们就这么莫名其妙地按食谱做了一遍。生面团没有发酵好，稍稍摊散开了。我们已经在这上面耗掉几个小时，还是要继续。那我们做粗面包吧，但烤出来的是面包吗？

刚出炉的面包竟然 …… 相当不错！

为什么呢？老实说，我们做得很差劲。我们没把生面团揉好，而我们把它放在操作台上会使它变干。我们参照的食谱是基本的、最原始的指导。我们没给生面团添加任何令它可口或者给人惊喜的东西。但为什么我们烤出来的面包很好呢？

首先，超市里的面包太难吃了[1]！我们必须经历惨败甚至做出更糟糕的

[1] 现在略好一些。但是改进最大的是自夸的内容，从过去的"优质"变成了现在的"手工制作"。

东西。无论我们做什么，我们的面包都会有无与伦比的味道和酵母的芳香。这是真的。

其次，面包师是最有包容性的。你用的酵母可多可少，糖和油也一样。你揉面的时间可长可短，生面团的发酵时间也没有长短限制，甚至烤制的时间也可以或长或短。你还是可以做出不错的面包。

当然，也会发生奇怪的事情。有一次我做的面包溢出了烤盘的边缘，把面团从烤盘上分离下来是场硬仗，面包的样子可笑至极，但是味道真的很棒。

那如果我们失败了会怎样呢？

一旦失败，我们浪费的食材至多值一美元。我们没花太多时间，也没有令任何人失望（请客吃饭的时候我们才不会这么自大）。但是我们学到了一些东西。

我们会从每次烹饪中学习。谦逊的个性会让我们仔细思考自己的好恶。我们搜寻更多知识、食谱和说明书，我们会为可能提升的面包品质而筹划着。

我一周会烤好几次面包，并且坚持了 25 年。我的基本配方是历经多年总结而成的，难以置信的好，而我也是这么说我自己的。

我会在这本书里把我的配方传给你，并且会谦虚地接受你的表扬。但是另一个我又希望你不理会我的配方，而是自己探索更完美的面包味道。如果你是这样做的，你会感到快乐（也会吃得舒服），而你最终会得到全新的、令人惊叹的烤面包。

在我公布制作方法前还有一点点事情需要说明一下。我想要的是那种以小麦为主、口味清淡的面包。我希望它是有益健康，令人愉快的。我希望它很可口但是容易得到。这种面包绝大部分成分是精白面粉，所以质地清淡。因为有小麦胚芽，所以它有全麦面包的蛋白质，而配方中的其他部分还会有额外的小麦成分。

这个方法简便，烤出的面包很可口。我一共只需花费 15 分钟的时间，而这些时间可以分散到一天中空闲的时间里去，每天都可以为家人提供新鲜的面包。

"亨勒牌"面包

1 茶匙干酵母

½ 茶匙糖

⅛ 杯温水

2 茶匙盐

2 汤匙油

2 杯温水

½ 杯全麦面粉

¼ 杯熟小麦胚芽（熟麦芽粉）

1 茶匙芝麻

2~4 汤匙普通香醋

2~4 汤匙面包屑（可选项，见说明）

面粉

2 个 9 英寸的面包烤盘

对烤盘进行润滑的黄油

和面、发面和烘焙的方法与之前介绍的一样，你需要在面粉中加入其他成分。

说明：

· 我不会给出面粉的量，大概是 5~6 杯，但你大可以自己决定用量（见下文）。刚开始的时候少放面粉，直到加够量，这样面粉的干湿度刚好适合揉面。在揉面的过程中，你可以根据自己的喜好再加入面粉。

· 我和面、揉面和发面用的都是一个很人的碗。在揉面后和发面前我没有将碗洗干净。你要问为什么？因为我懒（见第八章虚荣和懒惰）。而且是否清洗无关紧要。

· 揉面的首要目的是把生面团和好。等你能熟练揉面的时候你就能明白。揉面的第二个目的是让麸质舒展，可以增强生面团的弹性，这一点对其他一些面食的制作很重要，但是做面包时只需稍稍揉几下，生面团的弹性就够了。发面的时间变长也有助于增强弹性。

· 加芝麻的效果很令人惊喜。仅仅那些洒在生面团表面的芝麻经过烘烤就会使面包变得更加可口。

· 在面中加醋是我的一位英国同事理查德·凯耶建议的，他用的是麦芽醋（在他生活的地方这种醋味道很好，价格低廉）来制造轻微的酸味。我住的地方麦芽醋很贵，我用的香醋却相当便宜。我觉得自己加的醋尝不出酸味，但是确实对口味提升和发面有帮助。

· 配方中几乎所有参数都是可变的。你揉面的时长可以是 60 秒或者 10 分钟。发面的环境可冷可热（冷的时候发面用时会变长，就这么简单）。你可以让面团发酵一次、两次、三次甚至四次，而烘烤的时间可以是 40 分钟或者 1 个小时，最主要的是，你不能搞砸了。

· 可能你会搞砸。如果生面团发酵的时间太长（完全被忽略了），它就会发酸，这样就不好了。

· 同样，如果生面团在烤盘中醒发的时间过长，它会塌陷下去，烤出来的面包表面是有凹坑的，是发硬的。

· 总而言之，这种面包除了纤维以外，和全麦面包的营养一样。想得到更多的纤维素，那就再多吃些面包。我就是这么做的。

营养成分表

食用份量：2 片
每条面包的人份：大约 8 人

卡路里：162	脂肪中的卡路里 7
占每日营养摄入量	%
脂肪总量 8 克	
饱和脂肪 0 克	
多元不饱和脂肪 0 克	
单一不饱和脂肪 0 克	
胆固醇 10 毫克	
钠 236 毫克	1%
碳水化合物总量 32.5 克	11%
食用纤维 1 克	4%
糖 <1 克	
蛋白质 4.5 克	

维生素 A 0%	维生素 C 0%
钙 0% 铁 10%	
维生素 B_1 0%	维生素 B_2 10%
烟酸 6%	维生素 B6 8%
叶酸 25%	维生素 B_{12} 30%
磷 30%	镁 20%
锌 30%	铜 4%

· 我对面包屑做过说明。刚出炉的面包会有一层漂亮的暗色硬皮。当你把它切成片时，会产生很多面包屑。面包屑中包含面包中最可口的微粒，我对浪费它们的行为深恶痛绝。因此，我将这些面包屑收集起来，不时地在其

他食谱中使用。直到有一天，我意识到，这些面包屑也可以提升面包本身的味道。

• 面包屑的芳香有一部分来自芝麻。当我加入面包屑的时候，我只用半茶匙的芝麻。

• 用面包屑是为了调味这个理由足够了，但是用面包屑还有一点好处，那就是我可以在营养成分表中增加一条提醒注意：

本产品包含 4%（消费后的）再生材料

• 我常听人说他们曾经尝试做面包，但是结果一团糟。当然，他们没试过我的配方。即便如此，我还是会质疑。可能出炉的面包和他们所希望的不一样，但那又怎样？他们还是做出了面包。并且我很快就会相当肯定地说，那曾是新鲜的面包。你怎么能就那样败下阵来？

而且，当你做面包的时候，你应该爱你的面包，它是你的面包。

比方说，你的弟弟数学得了 C，等他放学回来后你难道就不爱他了吗？

诺贝尔物理学奖获得者，物理学家理查德·费曼被视为自信者的典范。他求知好学，但是好奇心很多人都有。他很杰出，但很多人都很出色。让费曼脱颖而出的是无畏。他觉得自己能解决任何问题。对他来说，无知不是障碍。他那本精彩的回忆录《别逗了，费曼先生！》讲述了很多这方面的例子——认知能力、蚁学（蚂蚁）、性学、锁匠行业和泌尿学。

伟大科学家与平庸的天才之间的区别就在于：

自信

谜题解答

我们一起看看自负的态度对解开数学题有什么帮助吧。我之所以选择这个智力题是因为它说出了爱叫板的意义。

这个智力题是建立在 Spin-Out（旋扣[2]）这款智力玩具的基础上的。Spin-Out 在一些商店里可以买到，有不同的版本（有一款是大象），它是一个条形壳体，里面有一个带有数个凸点旋钮的、可滑行的塑料条。

---

[2] 类似于中国七连环、九连环，二进制智力游戏。

考虑到你可能没有 Spin-Out，我们就来看一道不同的智力题，两者在结构上是一样的，我们就叫它 Flip-Out（弹扣）。

开始时将 7 个硬币排成一行，头像朝上：

我们的目标是让所有硬币背面朝上。规则是你可以翻动

• 右侧最远的硬币，或者

• 处在最右侧的头像朝上的硬币的左侧硬币。

举例来说，这种情况

你可以选择 7 号硬币（右侧最远的硬币）或者 5 号硬币（因为 6 号硬币是处在最右侧的头像朝上的硬币）。

我们来看看自负的难题解决者（我们就叫她斯梅德利吧）是怎么处理的。

一开始有两种可能性，选择 7 号硬币或者 6 号硬币。斯梅德利会怎么做呢？略有迟疑后，斯梅德利选择了 7 号硬币。

理由呢？

"没有什么理由，真的"，斯梅德利说，"我得做些什么。"下一步？ ……斯梅德利可以动 5 号或者 7 号硬币。

选择 7 号硬币就会使题目回到起点，这可不是自大的难题解决者该有的。他们从不会回头！[3]

---

[3]无论如何不会这么快。

所以，斯梅德利选择 5 号硬币。

斯梅德利对接下来的谜题的走向有什么预判吗？"没有什么想法，"斯梅德利说。

斯梅德利现在可以选择 5 号或者 7 号硬币，而选择 5 号硬币等于还原了上一步，所以斯梅德利选择了 7 号硬币。

斯梅德利只是稳步前进，没有太费力气思考。可能你看出来发生了什么，解题规则中出现了一条线索。解题规则说在每一步你都可以选择

- 右侧最远的硬币，或者
- 处在最右侧的头像朝上的硬币的左侧硬币

那就只有两种可能性。如果你稍稍动一下脑筋就会发现，无论你动哪一枚硬币，你都会在下一步让它恢复原状。换句话说就是你永远只有两个选择。斯梅德利选择其中之一，动了 7 号，之后是 5 号，然后是 7 号。而另一个选择，她可以动 6 号，之后是 7 号，接下来是 4 号。在每一步你都可以继续下去或者转向反方向。

$$\xleftarrow[7]{\text{flip}} \bullet \xleftarrow[4]{\text{flip}} \bullet \xleftarrow[7]{\text{flip}} \bullet \xleftarrow[6]{\text{flip}} \ \text{开始} \ \xleftarrow[7]{\text{flip}} \bullet \xleftarrow[5]{\text{flip}} \bullet \xleftarrow[7]{\text{flip}} \bullet \xleftarrow[6]{\text{flip}} \bullet \xleftarrow[7]{\text{flip}} \bullet$$

这个谜题要不是伪装得好，真的很像下面这个迷宫。

开始　　　　　　　　　　　　　　　结束

一旦你着手解题，你其实没有什么选择，你能做的只有继续前进或者返回原点。

如果你曾经玩过硬币游戏，你会明白此时这位自大的难题解决者遇到了什么事情。如果选择继续走下去的结果就是所有硬币背面朝上。

如果选择另外一个就会走进死胡同，就是这样：

斯梅德利会解出谜题，无论是一次成功还是第二次，她都会解决的，因为她从不往回走。**很多人没能解开这个谜题。**

为什么？他们选择其中一个解题方向，没多久又开始担心"我是不是错了，我好像看不出一丁点成效。也许我应该退回去！"。他们转向另一个解题方向。很不幸，他们没有之前那么自信了。又过了一会儿，他们又变了，如此反复，来来回回。最后放弃。

缺乏傲慢的态度，这就是问题所在！

但我可能需要为本章节中所有的傲慢态度道歉。你并不自大傲慢，我知道。你和善、谦逊、自信，你可能从未想过傲慢自大地为人处世。你很难成为斯梅德利。

但是，如果你能设法模拟一下自大傲慢的人，你会发现这么做是很有用的。在与难题（食谱）对抗的时候想象一下斯梅德利会做什么，即使毫无头绪，也要保持自信。

而我们接下来，在下一章里会谈谈美学。

什么才是真正的数学之美？这是一个难懂的概念，微妙、抽象而又与知识、智力有关。多年来我一直试图描绘出这种美，但是答案却不期而至。

简而言之，这种美就是芝士蛋糕。

第三章

简单的味道

我们有时会渴望品尝一些简单纯粹的味道 —— 比如薄煎饼、一个水煮蛋、汉堡、香蕉、玉米棒，或者加冰的沙士饮料。有时我们又会惦念那些熟悉的、天然可靠的食物。

食物的魅力有很多，简单纯粹是其中之一。简单的配料、简单的制作。食物不会欺骗，表里如一。

简单的食物未必不精细。我家里至少四本烹饪书的书名里有"简单"一词[1]。简单纯粹是很难实现的。试想一下，一盘自制的加了帕尔玛干酪的黄油酱汁面条是绝对简单的，我仍在研究怎样才能做好。

简单也是数学中的美。数学，结构简单，表述简单，充满魅力，令人着迷。一个简单的几何图形谜题，一个规则简单的游戏，数学的世界只是几个简单的假设 —— 这些足以让你投身其中。它们像一扇敞开的门，透过此门，你会看到一个秀丽可爱而又神秘的花园。

复杂也很迷人，我们会在下一章详述。

简单的食物

芝士蛋糕体现出了简单食物之美。最好的芝士蛋糕（在我看来）是未加装饰的、没有不相关元素的，能品尝到的只是洁白的、或甜或酸口味的牛奶和奶油芝士，可能还会有脆皮。我逐渐找到一种芝士蛋糕的做法，比较薄，是用做馅饼的烤盘烘焙而成，上面是甜的或者酸的奶油冻。我吃过很多莎莉

---

[1]其中两本是由珍-乔治斯·冯格里奇顿写的，哪一本都不简单。

集团（Sara Loe）出的芝士蛋糕，觉得很好吃。但是当时还年轻的我面对纽约式芝士蛋糕时，立刻被深深迷住了，我觉得我吃到的是奶油的精华。

尽管那时我身在波士顿，却又碰到小沃森出售的这种我认为奶油更浓稠，不那么酸，也不那么干，和真正的纽约式一样的芝士蛋糕。我真的很喜欢，我太太也喜欢。但是小沃森（Baby Watson）的蛋糕很贵[2]。我们决定想办法自己做。

做芝士蛋糕的方法多得数不清，很多都自称是"最好的"。但是，以下这个才是真正最好的。

芝士蛋糕

这种蛋糕需要一个大的脱底烤模，3 英寸深。一个用于搅拌混合的大碗非常有用。要提前一天做蛋糕这一点很重要（蛋糕也很容易做）。

蛋糕的脆皮外壳需要：
　　1½ 杯面粉
　　½ 茶匙盐
　　⅓ 杯糖
　　1 条无盐黄油

将面粉、糖和盐放在一起过筛（或者用过滤器）。黄油用面团分切机切成小粒，豌豆大小或者更小也可以。面团分切机是个好用的器具，可以将油脂切片。如果你没有这些器具可以用一两把刀，但是耗时更长。食品处理机也比较好用，但是你必须在油脂完全绞碎之前关掉机器。你需要一些豌豆大小的油脂粒。将搅拌好的混合物压盖在烤模底部。烤箱温度调整为 180 摄氏度进行烘焙，直到香味溢出，变成浅金色（需要 15 分钟或者更长时间）。要多查看。

[2]我很小气，请见第八章。

填充料：

900 克（4 块）奶油干酪

1½ 杯糖

4 个鸡蛋

1½ 杯多脂奶油

1 茶匙香草精

将奶酪和糖调成奶油状。一次打开一个鸡蛋。这时大碗搅拌器就派上用场了。打入奶油和香草精，倒入装有烤好的蛋糕壳的烤模里。将烤箱的温度调至 150 摄氏度，开始烘焙直到填充部分升起膨胀，并且边缘开始变成棕色。这个过程大概要 1 个小时，其间要时常查看。烤好时如果轻微摇动蛋糕体会摆动。

关闭烤箱，但是不要立即取出蛋糕。将烤箱的门稍微开启，让蛋糕慢慢变凉。

大概过 20 分钟，你可以将蛋糕从烤箱中取出进一步冷却。等蛋糕变得更凉时，用保鲜膜盖住进行冷藏。第二天，当你取下塑料膜时可能会发现有些水汽，你可以用纸巾擦掉。

现在我们来说说在芝士蛋糕上浇上糖浆、果酱这个习惯，真是毫无意义。芝士蛋糕温和的口感完全被这些黏糊糊的东西掩盖了。

甜酱可能会让芝士蛋糕有一种独特的酸味。但是我数学化的灵魂更爱（我的）芝士蛋糕简单纯粹的内心，它在不断低语"奶油、奶油、奶油"。蛋糕的外层脆皮提升了纯粹的味道，它与全麦酥饼过分鲜艳的外形不同，安静地述说着"黄油、黄油、黄油"。这柔和美妙的二重奏会被那些酱汁淹没，让人无法体会得到。

但是，如果你想让味道更饱满、丰富，以下这个方法是极好的。

扁桃仁芝士蛋糕

这个方法除了外壳的制作材料如下外，其他的都相同。

¾ 杯杏仁粉

¾ 杯面粉

½ 茶匙盐

¼ 杯糖

¾ 份无盐黄油棒

这些混合成糊状，用 ½ 茶匙杏仁粉代替香草精。

最后一招：在吃蛋糕前撒上烘烤过的几大汤匙的杏仁片。

简单的谜题

我想和你们说说我和我的学生科林·麦戈伊、我的一个朋友杰瑞·巴特斯和我的儿子弗莱德·亨勒一起做过的一些研究。开始这项工作的动机源自我们对数学简单性的渴望。

几年以前我认为数独游戏（sudoku puzzle）对我来说就好像散落在题目中杂乱无章的数字。

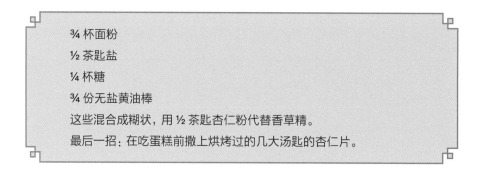

它看上去并不美，而且数值在谜题中起不到任何作用。如果我们用 a 代替 1，b 代替 2，以此类推

		a		b	d			i
		c		i		h		e
			c			d	b	
d			b					
e				f				g
					i			h
	f	d			b			
i		b		g		e		
g			f	d	i			

我们会得到相同的谜题。我觉得：

1. 数字在谜题中应该是有意义的，可能在某处它们需要相加、相乘或者诸如此类的运算。如果你想要得到数字，你需要进行运算。

2. 这些数字开始时应当是不可见的，也就是说不应该有什么数字线索。如果答案中的数字可以从没有数字的谜题线索中产生出来，这样的谜题会更好，更干净。

弗莱德、杰瑞、科林和我都思考过这个问题，并且我们想到可以用奇怪的形状在方格中划分出一些区域，我们可以要求所有区域内的数字之和是相等的。

我们用了一段时间找出了这种类型的谜题。和所有好的谜题一样，我们的谜题也必须有一个独特的解法。我们曾经尝试过的那些谜题不是没有答案就是有很多个答案。最后我们找到了这个，一个 6×6 迷宫格：

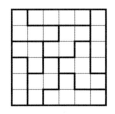

没有数字，难道不美吗？

行与列的解题规则与数独相同 —— 数字不能重复。对于 6×6 迷宫格，你能使用的数字只有 1、2、3、4、5 和 6，每一行、每一列中每个数字只能出现一次，并且每一个区域内的数字之和必须相等。

你会如何解开这样的谜题呢？你怎么知道是哪些数字？

解题的关键在于你可以计算方格中所有数字的和。任何一行的数字之和是

$$1+2+3+4+5+6=21$$

这就意味着整个正方形（6 行）中所有数字的和是

$$21 \times 6 = 126$$

既然有 9 个区域，且数字之和相同，那么每一个区域的数字之和必定

$$126 \div 9 = 14$$

现在一起来看左下角那个由三个小方格组成的笔直的区域。三个数字相加之和等于14的有以下几种组合形式：

$$6+6+2、6+5+3、6+4+4、5+5+4$$

只有6、5、3这个组合符合规则，因为不能在同一列中出现重复的数字。

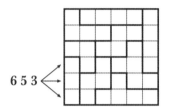

那么在这个三格区域上方的区域会填什么数字呢。这个区域左侧的方格不能填6、5或者3。

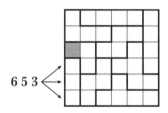

也不能填2，否则这个方格所在区域内剩下的两个方格都只能填6。再稍稍想一下你会发现，填在这一区域的数字只能是两个4和一个6。

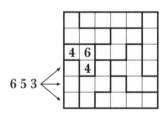

因此，最左侧一列最上边的两个方格一定是1和2。

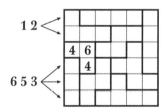

我们由此可以判断左上方这个区域剩下的两个数字一定是 6 和 5。

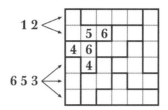

我们解开了谜题，同时可以注意到我们得出一个（数学）证明，证明我们刚刚所说的一定就是答案。

我把剩下的方格留给读者朋友们。可能会更难解，但还是很有趣的。

我不得不承认我们对这些谜题有点着迷。我们称它为"无线索数独"。当然，它们不是真的毫无线索，只是没有数字线索而已。

有人曾提议说，这些谜题其实是"无线索的 Ken Ken（贤贤）"[3]。可能这种叫法更准确。聪明方格游戏和数独游戏一样并不优美，而实际上比数独还差劲。它们不仅仅有数字，还有钻营。真是可耻。

无线索的数独谜题很难找到。如果你抱着玩玩的心态就会发现没有 2×2 的宫格谜题，也没有 3×3 的。

有 1×1 的谜题

但是并不怎么有趣。我们找到了一种 5×5 的宫格谜题。

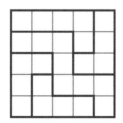

我们为一个 4×4 的宫格谜题劳心费神了几个月。4×4 宫格的每一行相加等于 10。

$$1+2+3+4=10$$

因此整个宫格的所有数字之和是 40。

$$4 \times 10 = 40$$

[3]即被称为聪明方格的算术游戏。

这就给了我们很多可能性，我们可以有

1 个区域，合计 40

2 个区域，每个区域合计 20

4 个区域，每个区域合计 10

5 个区域，每个区域合计 8

8 个区域，每个区域合计 5

10 个区域，每个区域合计 4

20 个区域，每个区域合计 2

40 个区域，每个区域合计 1

其中有些区域很荒谬。显然，我们不能让所有区域合计达到 1 或 2，因为方格中有些数字是 3 和 4。并且如果我们只设一个区域，那么肯定不会只有一个答案。

我们可以将上述可能性削减为以下这些：

2 个区域，每个区域合计 20

4 个区域，每个区域合计 10

5 个区域，每个区域合计 8

8 个区域，每个区域合计 5

10 个区域，每个区域合计 4

最后一个是不可能实现的，原因在于：如果每个区域相加之和为 4，那么你会怎么处理 2？唯一一个方法是两个 1 相加，2+1+1=4。但是没有那么多的 1 可以解决所有 2 的问题。

你也不能让所有区域相加之和为 5。这个有点更棘手，因为每一个 4 都必须和 1 相匹配：

$$4+1=5$$

只有一种方式可以用一个 4 得到数值之和 5。答案可能是这样的：

2	1	4	3
3	4	1	2
4	2	3	1
1	3	2	4

但另一方面，你可以将所有的 4 和所有的 1 对换，得到另外一个答案

2	4	1	3
3	1	4	2
1	2	3	4
4	3	2	1

每道谜题必须只有一个答案，独一无二的答案。这是简单之美的一部分。所以现在我们可以将可能性减少到 3 个：

2 个区域，每个区域合计 20

4 个区域，每个区域合计 10

5 个区域，每个区域合计 8

这三个可能性中的第一个看起来没戏。另外两个倒是合理的。

我们花了很长时间寻找 4 个区域和 5 个区域的谜题。最后，我们编写的一个计算机程序证明没有哪个 4 × 4 无线索宫格谜题可以分成 4 个或者 5 个区域。

想想我们有多惊讶，如此一来，我们发现这个有 2 个区域的谜题。

它的答案是唯一的[4]，漂亮！

这一章中的数学和烹饪的简单不是指"容易"，它们的简单是"没有装饰"。简单就好。

复杂也很好 ……

---

[4]这道题和本章其他谜题的答案请见 press.princeton.edu/titles/10436.html

第四章

复杂的味道

复杂的食物

葡萄汁好喝，所以葡萄酒也好喝。

葡萄汁是一种简单的饮料。你知道它的味道。在任何时候，你喝的每一口味道都是一样的。你只会在口渴、需要能量或者只有 5 分钟休息时间的时候需要它。

相反，葡萄酒有很多种味道。即使在同一个瓶中，它也会在你饮用的过程中因为酒变温，因为酒液暴露在空气中产生化学反应而使味道产生变化。对有经验的品酒者来说，每一次啜饮都会感觉到连续的变化。

当然，只有复杂性还不够。一道菜的各种味道应该相辅相成。法国名菜红酒烩鸡中，鸡肉的味道既入味（褐色高汤）又新鲜，结合勃艮第红酒、番茄、大蒜，加上黄油煮过的培根、甜洋葱和蘑菇，以及火焰法国白兰地。

红酒烩鸡并不是一道简单的菜肴，但是要知道简单和复杂并不矛盾这一点很重要。一道名菜可以将二者兼顾。我们以水果为例，想一想，一个苹果只能被视为一道简单的餐食。但是任何经历过从树上摘下苹果的人都知道，苹果可以为我们提供层次丰富、复杂的味觉感受[1]。

水果是一个很好的简单／复杂的例子。工厂化种植的草莓不具备复杂性，它们是为了保质期和一致性而生长、繁殖的，味道稳定不变，没有层次。另一方面，新鲜的地产草莓则有多种味道，甜和酸都有不同的层次。

---

[1] 我最爱的名为阿什米德精髓的苹果品种源自 18 世纪，最早在英格兰格洛斯特生长。

但是，大批量生产的草莓通过技术手段也可以实现复杂性。马赛拉·哈赞[2]就是简单性的信徒。但是简单与复杂可以齐头并进。她曾建议把浆果和香醋、糖组合在一起[3]，那样的味道非常美妙。

有一年3月我曾在一次晚宴上给我的客人们送上了一种表面上看起来平淡无奇的草莓。他们很喜欢它的味道，并且问我如何在3月找到如此新鲜的草莓。其实我所做的只是给这些草莓撒上一些柑曼怡香橙甜酒。由于某种原因，后加入的利口酒的橙子味道足够丰富、复杂，糊弄住了我的这些客人，使他们以为自己吃的东西非常特别。我本无意欺骗，我只是想让这些浆果口感更好。

我在一个覆盆子自摘农场得到过一个馅饼制作方法，通过这个方法，覆盆子味道的复杂性被淋漓尽致地发挥出来。秘密就是将烹饪过的覆盆子和新鲜的覆盆子相结合。我只是对这个食谱进行了微改。

坤坤特覆盆子果馅饼
（6~8人份）

果馅饼的饼体需要：

　　1杯面粉

　　2½汤匙糖

　　¼茶匙盐

　　⅔份无盐黄油棒

将面粉、盐和2½汤匙的糖一起过筛（或者用搅打器将它们混合）。用面团分切机将黄油切成非常小的颗粒。生面团会变干、易碎，将它们分别装入独立的果馅饼烤盘中，均匀地向下压，然后以180摄氏度的温度进行烘焙，直到散发出香味，面团变成金色。在冷却过程中，将饼壳从烤盘中移出，并摆放在甜品盘中。

[2]马赛拉·哈赞（1924~2013）是一位教师，也是一位多产的烹饪书作家。在向美国人介绍意大利菜方面没有谁比她更受信赖。
[3]引自《马赛拉说……》（HarperCollins出版社，2004年出版）。

馅料需要：

1 夸脱（1 夸脱 = 0.946 升）覆盆子

¾ 杯水

⅞ 杯糖

3 汤匙玉米淀粉

炖锅加水，倒入一杯覆盆子。煮沸后转小火炖。用搅打器将覆盆子捣碎，加入糖和玉米淀粉彻底搅拌，然后一边用搅打器猛力搅拌（你需要做的是防止玉米淀粉凝结成块），一边与炖煮的覆盆子混合，继续加热直至它从汤水与白玉米淀粉的混合物转变成浓稠、清透（但是颜色较暗）的馅料。停止加热，降温至不烫手。

当混合物已经降温但还未彻底凝结时，加入未经烹煮的覆盆子，混合。将混合物堆在饼壳的圆槽中。

果馅饼最上层：

1 杯用于打发的奶油

1 汤匙糖

¼ 茶匙香草

打发奶油，加入糖和香草，再略搅打。在果馅饼上放上奶油就可以上桌了。

说明：

· 理论上讲，这份甜品正式上桌前一共需要的时间不超过一小时。

· 如果你没有单个独立的小馅饼烤盘，可以用一个大的馅饼烤盘或者烙馅饼的平锅做饼壳。将做好的饼壳分成小块（不必规则），摆放在甜品盘中。

· 原来的坤坤特农场的方法是用来做覆盆子派的，这样混搭做出的馅饼好吃得让人想哭，但是你只能在要正式上桌前才把馅料和饼壳搭配在一起，否则馅料会把饼壳浸湿变软。这里介绍的方法可以防止饼壳被浸湿变软，但只是一时，并不长久。

· 想要增加复杂的口味，你可以在煮覆盆子的时候加入一茶匙黑醋栗酒。

复杂的数学

我会在这一部分说说几个游戏。游戏是公认的数学领域，但是又不仅仅是数学。游戏是数学的完美缩影。它们可以是理论、推理，也可以是实用工具。它们是被分析的对象，也可以为我们提供游戏，体验快乐。它们是简单的，也是复杂的。

有一个特别简单的游戏，我叫它"1-2-3 拿走"。你可以用一堆木棍开始这个游戏。

两个参与游戏的人依次轮流拿走木棍。一次可以拿走 1 根、2 根或者 3 根木棍。最后拿走木棍的人赢。

显然，如果这一堆里只有 1 根、2 根或者 3 根木棍：

第一个游戏者（我们称她为一号玩家）就有一个制胜方法，那就是一次性拿走所有的木棍。

如果这一堆里正好有 4 根木棍：

第二个游戏者（我们称他为二号玩家）也有一个制胜方法 —— 因为无论一号玩家拿走几根木棍，二号玩家都可以拿走剩下的所有木棍，赢得胜利。

这是个简单的游戏，因为无论这堆木棍的规模大小，分析起来都很容易。例如，假设有 23 根木棍。

将它们排列成 4 根一束，会剩下 3 根 ——

接下来，一号玩家会拿走多出的 3 根，这样会剩下 5 束木棍，每束 4 根。从现在开始，一号玩家会 ——

· 拿走 1 根木棍，如果二号玩家拿走 3 根木棍，

· 拿走 2 根木棍，如果二号玩家拿走 2 根木棍，

· 拿走 3 根木棍，如果二号玩家拿走 1 根木棍。

这样每一轮都会拿光一束共 4 根木棍。一号玩家会获胜。

上述分析表明，如果，也只有如果木棍的数量能被 4 整除，二号玩家才会获胜。

木棍总数	1	2	3	4	5	6	7	8	9	10	11	12	13	14	…
可获胜的玩家	I	I	I	II	I	I	I	II	I	I	I	II	I	I	…

如果我们将一号玩家获胜用彩色方块表示，二号玩家获胜用白色方块表示，那么这个图就更容易让我们看清楚、弄明白。

1 2 3 4 5 6 7 …

▮▮▮□▮▮▮□▮▮▮□▮▮▮□▮▮▮□▮▮▮□ ▪▪▪

现在我们改变游戏规则，允许玩家拿走 1 根、2 根、3 根或者 4 根木棍，同样，最后一个拿走木棍的人获胜。

这个游戏同样容易分析。如果一堆木棍的数量是 1、2、3 或者 4，则一号玩家会获胜。如果一共有 5 根木棍，则二号玩家会获胜。正如前文中的周期性图形，这一次会变成：

木棍总数	1	2	3	4	5	6	7	8	9	10	11	12	13	14	…
可获胜的玩家	I	I	I	I	II	I	I	I	I	II	I	I	I	I	…

或者

1 2 3 4 5 6 7 …

▮▮▮▮□▮▮▮▮□▮▮▮▮□▮▮▮▮□▮▮▮▮□ ▪▪▪

如果我们限制玩家每次只能拿走 1 根、3 根或者 4 根木棍，那游戏就变得更有趣了。与以往一样，最后拿走木棍的玩家获胜。

一号玩家会在 1 根木棍的游戏中获胜，二号玩家在 2 根木棍的游戏中获胜。一号玩家会在 3 根或 4 根木棍的游戏中获胜，那么一共有 5 根木棍的游戏呢？

一号玩家通过拿走 3 根木棍获胜（留下 2 根，这对二号玩家不利），也可以通过拿走 4 根木棍获得 6 根木棍游戏的胜利。但是在 7 根木棍的游戏中获胜的是二号玩家。我们再用图形表示，这一次的更有趣，每 7 个方格会出现一次重复。

1 2 3 4 5 6 7 …

这些游戏被称为"取物游戏"。单独来看它们都不复杂。无论游戏允许拿走什么，你总会得出一个像前文那样的有周期性的图形。但是，令人惊奇的是，除了辛苦地逐一检验有几堆、木棍数和拿走的方法外，还没有人找出发现重复周期的方法。这就是取物游戏的神秘之处。

现在你们看到的是我的一个特别复杂的游戏，我称它为"好猎手"[4]。

和之前一样，我们从一堆木棍开始游戏。一号玩家可以拿走 1 根或 2 根木棍，这样的话，玩家（通常）会有三种选择：

• 她可以和她的对手拿走一样多的木棍
• 她可以拿走比自己对手多的木棍
• 她可以拿走比自己对手少的木棍。

我之所以说"通常"是因为你总是必须拿走至少一根木棍。正如其他那些取物游戏一样，获胜的玩家是最后拿走木棍的那个。

---

[4] 这是我儿子弗莱德的建议。你们会在最后知道原因。它和圣经中的希纳尔王并没有什么关系。

任何有限之物都有一个定理，两个玩家的游戏中，其中一个玩家会获胜。[5] 这就意味着我们可以为这个游戏制作一个方格序列。开始时是这样的：

1 2 3 4 5 6 7 …

这个游戏非常复杂，我会用更详细的图片说服你。游戏中任何一点都有两个重要的数字：木棍的总数以及木棍被拿走的比率。下面这张图显示的是在木棍总数和拿走木棍比率不同的情况下，谁会获胜。与之前的图片一样，红色方格代表一号玩家获胜，白色方格代表二号玩家获胜。

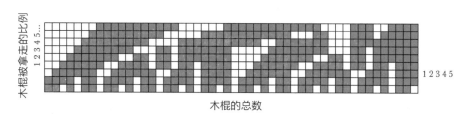

举例来说，假设木棍总数 5，拿走比率为 2 的方格是白色的，这就意味着二号玩家在这种游戏形势下握有制胜之道。这一点不难看出。如果一号玩家拿走 2 根木棍，二号玩家会拿走 3 根木棍并且获胜。如果一号玩家拿走的是 3 根木棍，则二号玩家可以拿走 2 根木棍并且获胜。如果一号玩家拿走 1 根木棍，二号玩家可以拿走 1 根木棍，留给一号玩家的又是一个白色的方格。

上面这张图片显得杂乱无章。如果我们多看一些数据就会看到有些图形出现了。

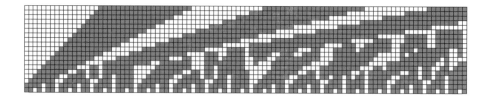

这张图就是由大量数据组成的。

[5]请见网站上对此进行的证明，并不难理解。

真是复杂！

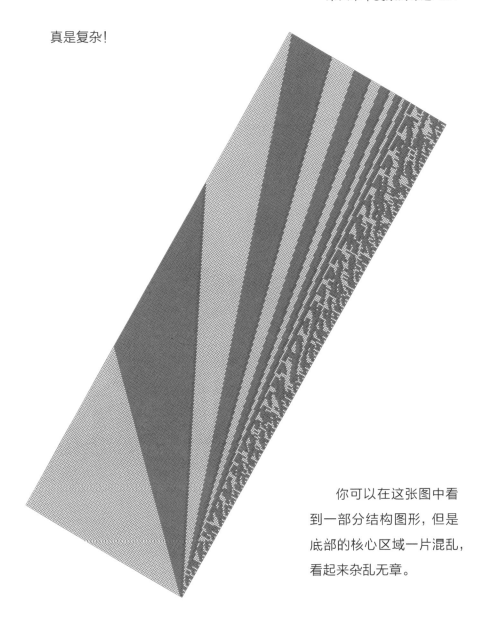

你可以在这张图中看到一部分结构图形，但是底部的核心区域一片混乱，看起来杂乱无章。

我不得不承认我没有弄懂好猎手游戏！并且据我所知，没有人懂。

在我结束这一章之前，我想告诉你三种非常有趣的变化。第一个可以称为"胆小鬼"。将那堆木棍想象成两辆在街道两头对峙的改装高速汽车。

这条街道是按照汽车的长度测量的，在胆小鬼游戏里，驾驶员（游戏玩家）依次轮流向前开车。玩家中的任何一方第一次前移的长度必须是一辆或者两辆汽车的长度，此后，每个驾驶员都有三种选择：

- 保持速度（驾驶到他／她能到的最远之处）
- 增速，增加一辆车的长度
- 减速，减少一辆车的长度

—— 除非像好猎手游戏中那样，驾驶员必须前移至少一辆车的距离。不允许猛撞，获胜者是那个最后合法前移的驾驶员。

你可以看出这个游戏和好猎手的关系（你也能明白为什么弗莱德给它起了这个名字）。车之间的距离就像一堆木棍的总数，但这个游戏的不同之处在于取代木棍移走的单一比率，每个玩家可以有自己的速度。

第二个变化我称之为"马上长矛比武"。两名骑着战马的骑手面对面准备。

除了游戏的目标是让你的骑手落到对手骑手的上方，这个游戏就像胆小鬼游戏一样。在游戏的过程中你可能会与对手擦肩而过（这个游戏是在一个无限大的场地上玩的）。既然这样，两名骑手会减速、停止、反转方向，再次向前冲。在马上长矛比武中，允许你在一次移动中静止不动，实际上，如果你不那么做就不能反转方向。决定逃跑的骑手会输掉比赛。

最后，还有一种游戏变化。这个是"德贝冲撞赛车"，一种二维游戏，在网站上有详细的说明。可以有两名或者更多名玩家参与这个游戏，每人驾驶一辆汽车。尽管驾驶的是汽车，但它确实是马上长矛比武游戏的二维版，也就是说，玩家的目标是让自己的汽车着陆在另一辆汽车上。如果你这么做就会让这车报废，它也就退出了游戏。最后留下的车要还能移动，这是游戏的目的。

我向你展示了一个简单的和一个复杂的游戏。可能你会偏爱那个简单的游戏以及其他取物游戏。也许你更喜欢那个复杂的游戏以及马上长矛比武，但可能你哪一个都不喜欢。

无论你的偏好是什么，你都会有自己的品味。这也正是下一章的主题。

第五章

有鉴赏力的食客

在餐厅你就是决策者。你决定自己想要什么以及用哪种方法将其呈现出来。你有自己的品味和偏爱的事物。

你可能会认为数学是不同的，但其实没有不同（除了没有餐厅）。我在此特别声明：

1. 数学有不同的风味。

2. 每个人（包括你）都有数学品味。

3. 你（还有其他所有人）都能选择自己的数学。

4. 对于数学，你不必感觉愧疚或者不适。

让我们一起逐一了解一下吧。

1. 数学有不同的风味

这是一种风味：**代数学**。你在中学时学的那门代数课程只是其中一例，还有许多其他例子。

对于"代数"我将其定义为符号和规则组成的系统结构。中学时你已经知道了无限多的符号以及许多的规则。你也可以用相同的符号组合，但是规则或多或少，采用不同的规则。

这就是一种不同的规则：

对所有的 x，y 和 z，有 $x(yz)=(xy)(xz)$

令人惊奇的是，这个只有一个符号的等式产生了如此有趣的代数。我们以 a 来代称符号，我想，我们还需要括号。这样我们就得到了：

$$aa$$

$$a(aa)=(aa)(aa)$$

$$(aa)(aa)=((aa)a)((aa)a)$$

以此类推。这种代数学促使一些数学家想要知道是否有哪一种表达式 $xxxx$ 等于其自身乘以别的什么。这几乎就是真的：

$$a(aa)=((aa)a)((aa)a)$$

—— 但不完全是真的。对于这个问题答案是否定的，但是得出这个答案却用了许多年。

这是另一种风味：几何学。你在中学时学的几何学，只是其中一个例子，还有很多其他例子。

对于"几何学"我将其定义为附着于一定意义的、由图表和图画组成的系统结构。

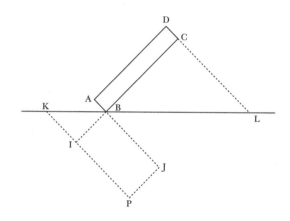

我的用词并不严谨。数学中很多领域都存在带有一定概念的图形。

还有一种风味：**有限性**。

既有有限代数学也有无限代数学，它们是不同的。

既有有限几何学也有无限几何学。它们也是不同的。

有趣的是，无限几何学和无限代数学比有限几何学和有限代数学被更早发现。无限听起来似乎更复杂。要对"无限"进行定义要比"有限"容易。你不相信我？那试试给"有限"下个定义吧。

其实数学还有很多种风味 —— 数字、形状、运动、游戏。有些数学领域看起来无非是去繁就简的逻辑学。本书后文还会出现。

2. 每一个人（包括你）都有自己的数学品位

我还没有遇到过任何一个人对"你喜欢代数还是几何？喜欢符号还是图形？"这个问题毫无答案。

这就是品位。你的选择可能会因为一个特别好或者特别差的老师而有所不同，但是你的喜好有相当一部分是建立在个人品位上的，或者说审美基础上的。你偏好的只是你看着觉得更好的那个。

你对无限性有什么感想呢？有些人被它吸引，一些伟大的数学家被它击退，对它产生惧意[1]。一些人发觉有限的结构更整齐、简单，而一些人觉得无限性更干净、漂亮。

当然，人的品位是复杂的。几何学比代数学更能吸引我，但是在我绝大部分工作中，图形真的没起什么作用。我被无限性深深吸引，但在我花费大量时间研究无限性的同时，我最近做的工作却是有限性。

3. 你（还有其他所有人）都能选择自己的数学

这对你来说一定是件疯狂的事。"怎么会有选择？你不是必须用有用的数学吗？难道你不必选择那个适合解题的数学吗？"

但是如果没有什么问题要解答呢？

我对数学产生兴趣是因为数学本身，而不是因为它可以用来做什么。没有实际应用，我依然能从数学中体会到快乐。这一点和我做烹饪一样。餐厅里的厨师和食客是对菜肴本身感兴趣，（通常）不是因为它们的营养价值。

那么，如果有问题需要解答呢？（或者你的晚餐中营养成分很重要呢？）你还是可以选择，但是如果你想要解决问题，我确定你会选择适合的数学和适合的菜肴。在这层意义上，根据定义，这第 3 条陈述仍是正确的！

但是，我想让读者们把关注点放在对数学某一部分固有的（或者说缺少的）满意感上。你喜欢或者不喜欢，就像那天的一份沙拉、砂锅菜或者一道汤那样，而这就是你的选择 —— 吃或者不吃。

你喜欢玩数独游戏吗？这也是一种选择。每个人都可以选择。

---

[1] 布莱士·帕斯卡就是著名的例子。

4. 对于数学，你不必感觉愧疚或者不适

你不喜欢意式小银鱼吗？你会为自己和意式小银鱼的关系感觉难堪、尴尬吗？你觉得不喜欢意式小银鱼就对你有负面影响吗？我敢断言你不会这么想。你会因为喜欢意大利语胜过法语，喜欢泰语胜过印度语，或者喜欢咸味焦糖拿铁咖啡胜过南瓜派绿茶拿铁而有所戒备吗？当然不会。

对于数学你真的应该也这样！

通常人们会告诉我（我想他们是希望结束和我的谈话）"哦，我太怕代数了！"其实，他们并不是真的害怕，他们只是不喜欢而已。如果他们喜欢，是会理解和掌握的。

所有人都能学代数。但不是每个人都能学会。如果你不喜欢某一个事物，你就不会获得成功的动力。如果你害怕某一个事物，你就不会有坚持下去的勇气。

我不会与任何人争辩说他们应该喜欢数学，我会说服他们不要惧怕数学。让我再多说一点。

5. 专业人才也会选择

职业数学家也有品味。他们有自己的偏好和挚爱之物。他们中的大多数并没有理会数学之大、之广，而仅仅在自己的一方小天地里努力钻研。他们乐在其中，没有歉意，也没有遗憾。

结语

我在敦促你发掘自己的品位。这本书里有关于数学的内容，几乎每一个章节里都会有一点点。在你读到它们时，略微加以体会，如果这一点点并不能吸引你，那就略过（就像对待食物那样）。

但是如果它能使你高兴或者激发你的兴趣，那就读下去[2]。

下一章全是关于我如何被数学激发出兴趣，进而从中获得快乐的。

---

[2] 再在 press.princeton.edu/10436.html 多读一些吧。

第六章

执着的厨师

如果你想要得到什么并且相信自己可以达成所愿，你就会为之努力。如果你为可达成的愿望努力奋斗，你就会得到你想要的。这一点在所有领域都是真理，特别是烹饪和数学领域。

一个美食挑战

我的儿子弗莱德开始吃素时并不是没有遗憾的。他喜欢吃肉。他离开了那些曾经维系他生命并且令他舒心的食物，不知道自己是否还会再次品尝它们。

这类食物中就有火腿汉堡包。火腿汉堡包很特别，它不做假，它是平淡、朴实的食物，简单的"蛋白质"。再简单点儿但更准确地说是"蛋白质、纤维、水和脂肪，被夹进简单的碳水化合物中"。仅此而已，没有秘密、没有惊喜。你和你的一餐饭之间什么都没有 —— 你拿起它，把它吃掉。

现在，曾经的蔬菜汉堡包依然还在。它们，或者说弗莱德品尝过的那些蔬菜汉堡包并没有火腿汉堡包具备的令人心满意足的因素：辣的、开胃可口、有嚼劲、多肉多汁，口感香醇。因此，这个挑战就是设计出一种令人满意的蔬菜汉堡包。

我立即接受了这个挑战，但这挑战原来如此艰难，我用了很多年才使一切稍有好转[1]。让我们先从一些基本原则开始：

· 素食汉堡应该简单，味道亲和。

我对商业产品的不满之处在于它们只是味道的简单堆砌 —— 洋葱、大

---

[1] 我还做了其他事情。

蒜、塔迈里酱油、橄榄、小茴香，等等。火腿汉堡不是外来食品，蔬菜汉堡应该像火腿汉堡那样让人吃起来舒服满意。所以，它应该让你想到家。

而且，汉堡包应该是温和的。火腿汉堡包像画家的空白画布，吃的人应该用西红柿、芥末、泡菜等给它加味。

• 素食汉堡应该大致具有真正火腿汉堡那样的"口感"。

它的口感不该单一刻板。火腿汉堡包就不刻板，它们有肉，口感香醇。当然，一个好的蔬菜汉堡包不能有肉，但是一定要像在吃肉。

• 素食汉堡应当相当简单易做。

一个牛肉汉堡从组成到放到烤架上翻烤只需要几秒钟。而一个蔬菜汉堡的制作方法需要花费一个半小时准备。如果这种素食汉堡做起来很难，你也不会经常去做。

• 最后，素食汉堡应足以保持结构的完整性，这样它可以在烤架上停留3分钟而不会从栅格中滑落。

我对素食汉堡的关键成分做了设想，自认为是个高招儿，并就此开始实践了。我的想法是用葡萄果仁麦片（POST 公司出的一种早餐谷物食品）。葡萄果仁麦片潮湿之后会有点火腿汉堡的感觉，而干燥时又可以冒充烤焦了的汉堡包外层那种咬下去脆脆有声的效果。这么做行么？怎么能做到呢？

正如我所料，开始时很顺利，这促使我行动起来，但之后却经历了一次又一次的失败！只有最初的成功让我没有放弃。

我用了大约 3 年时间，直到最后，一个食谱出现了。

黄油 问题的核心和解决方法的关键在于脂肪。素食汉堡中必须有脂肪，显然黄油就是我们的选择。一份对火腿汉堡的分析报告对适当含量提出了建议（每个汉堡大约一大汤匙的量）。有些会被耗掉，而有些需要保留。怎么做到呢？

蘑菇 未经加工的蘑菇会吸收脂肪，烹饪后也会保留绝大部分脂肪。我将蘑菇磨碎，但是得有东西能将这些蘑菇碎粒和葡萄果仁麦片聚集在一起。怎么能做到呢？

奶酪 马苏里拉奶酪融化时会变得黏稠，这就是我们需要的胶。加热，然后将它们混合在一起，这样汉堡包就会保持聚合的状态。

"伪"汉堡

（四个汉堡包的量）

4 汤匙黄油

1 杯（110 克）切碎的马苏里拉奶酪

2 个波多贝罗蘑菇，加工成小碎粒

1 杯葡萄果仁麦片

1 个干净的、空的 6 盎司装金枪鱼罐头盒

你应当将所有材料配比准备好，按照接下来的指导依次完成：

1. 将黄油融化。搅动并加热，直到水分沸腾消失，固体物质变成浅褐色。

2. 加入蘑菇，快速混合。

3. 随即加入奶酪，搅动直到奶酪融化，立即关火。

4. 加入葡萄果仁麦片，搅拌均匀。

现在用金枪鱼罐头塑形。将混合物的四分之一放入罐头盒，均匀压平，将罐头盒倒置在一个平滑的表面上，拍击罐头盒底部。重复此步骤，将剩余的混合物塑形。在烹饪前要将小馅饼冷却。

这里有一个"伪"汉堡和一个火腿汉堡（未烹饪加工）的对比报告（数据来自美国农业部国民营养数据库）：

	1 个火腿汉堡（100 克，85% 为绞碎的瘦牛肉）	1 个"伪"汉堡
水（克）	74.26	49.5
卡路里（千卡）	243	253
蛋白质（克）	21.1	7.74
脂肪（克）	16.95	14.41
饱和脂肪（克）	6.63	8.85
碳水化合物（克）	0	26.11
纤维（克）	0	3.15

尽管缺少了蛋白质，还含点淀粉。

但是它还不错。成功了。你可以在炭火上烤，它不会掉到火里。烹饪起来便利快捷。奶酪会赋予它漂亮的焦褐色。

用焦糖洋葱将其覆盖，加盐，加胡椒粉，上面放上新鲜的西红柿和泡菜，再用番茄酱覆盖。

这个混合馅料经得起其他碎肉馅料的考验。你还可以做成丸子和香肠，只是在制作过程中加入其他材料时要留心，观察一下如何烹饪最后的成品。

一个数学上的挑战

一个朋友向我提出一个问题。他曾经因为流感整日卧床，当时他除了昏睡就是盯着墙面看，那上面贴着一种乏味无奇的壁纸。

他想象出一条线，从一个角落引出，成对角线移动，然后触边反弹。

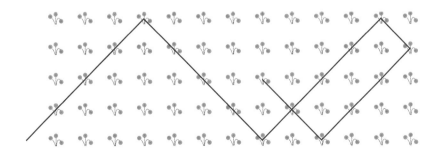

他跟随这条线直到它碰到一个角落。

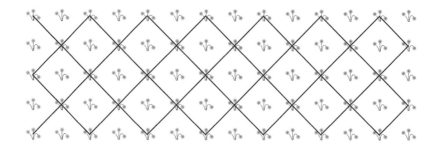

他想如果墙面再小一点，线行走的路径会不同。

他去掉一个纵列后看到 ——

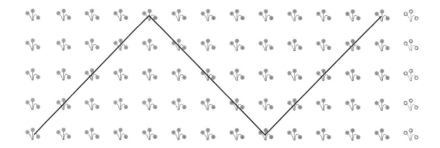

之后又去掉一行和一列。

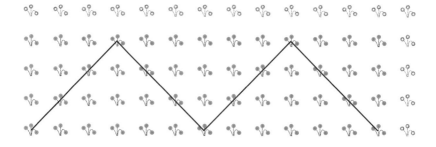

显然，这有些令人费解，他认为我可能会感兴趣。

我的确很感兴趣，并且和他一起用了几天时间解开谜题。这个问题完全与矩形有关。你在一个矩形中四处弹跳，你会一直弹跳下去吗？如果不会，你会碰到哪个角？

我们画了很多矩形。

这一定让你感到好奇！

我们最终弄明白了，但是花了我们几天时间。首先，你不会一直弹跳，你最终一定会在某一个角落结束。这就是你为什么一直会穿过交叉点的原因。

你只能通过同一个交叉点两次

或者一个边点一次

所以，最终你必须停下来，并且停在一个角落上。你不能在起点那一角终止，因为反弹过程中不可能转向相反的方向。

现在看看你会在哪里结束跳跃。假如我们将一半的交叉点用圆点标出，就像在棋盘上一样

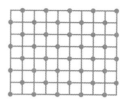

你会看到线路总是会穿过那些被圆点标记的交叉点。

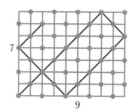

你也会看到，如果长度和宽度是奇数，按照上面所说的情况，你不得不在相对立的那个角终止弹跳——那也是唯一一个带有圆点标记的角！

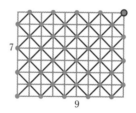

如果矩形的长度和宽度一个是奇数，一个是偶数，

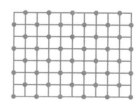

你就不得不在偶数那一边终止，而且那里也是唯一一个带圆点标记的角。

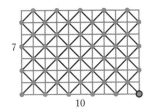

这就给我们留下了唯一一个问题：如果长度和宽度都是偶数的话会怎么样，因为在这种情况下，所有的角都有圆点。

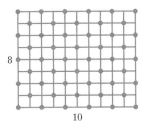

在这种情况下，我们只是将边长除以 2。8 × 10 的矩形产生的线路图案与 4 × 5 的矩形一样。

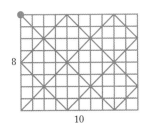

或者如果我这样画就会更清楚了。

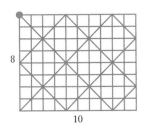 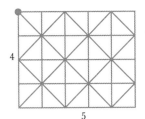

所以，这就是答案，线路总是会终止在"更偶数"的那一边。你一直将边长除以 2，直到边长变为奇数。

这有一个例子，假设矩形尺寸为 44 × 96

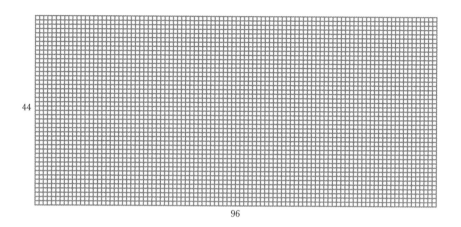

两边的边长都是偶数，因此我们将边长除以 2，得到

$$22 \times 48$$

还是偶数，所以要继续除以 2，得到

$$11 \times 24$$

啊哈！96 比 44 更偶数化（我们 2 次将边长除以 2，它仍是偶数）。所以，这条会弹跳的线将会在边长为 96 的这一边终止。

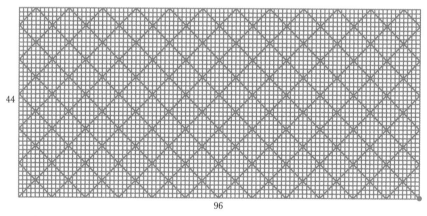

而如果两边是相同的偶数，你会在与对角线上相对立的那个角结束。

关于这个故事还有很多内容。我做过一个梦，是数学的梦——我没有多少数学上的梦，但这是一个。我那时坐在一个巨大的、不知名的矩形多边形的一角。

为了一探究竟，我发出一条对角线，想看看它会到哪儿。

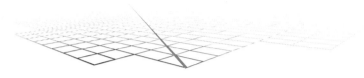

之后，站在我旁边的人说："多边形的形状决定了对角线的路径图案。那就是令人惊奇的代数学 ……"

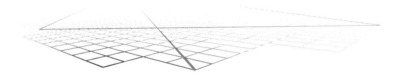

然后我就醒了！

我无法忘掉这个说法。与几何学联系在一起 …… 是什么，这是代数学 …… 什么，它说明了 …… 某些东西。

自那以后几年过去了，我偶然间画了些多边形和对角线，我在寻找 …… 其实，我不知道我在寻找什么。这是我做过的唯一一个（数学上的）梦。我没在其他任何梦里做过工作上的事情！

之后有一天，我有了一个想法。我会在后面的章节里进行说明。

第七章

贪吃

好奇并不是数学和美食的唯一推动力 —— 还有贪吃。

我是一个贪吃的人。我的食量很大，或者说曾经是这样，但是我不是什么大块头。我一刻不能忍受地燃烧着卡路里。

我的贪吃特性拓展到了数学，对自己想要的，不仅要有，还要有更多。

更多的数独游戏

我自己并没有真的弄懂"无线索数独"项目，但不会放弃它（见第三章）。只要我拿着一张纸坐下来，我就会开始画方格，并将它们分成不同的区域。在牙医办公室，听音乐会、演讲，看《每日秀》。在我周围的人一直都很宽容。

我最初的那些合作者们研究出 7×7、8×8、9×9 迷宫格谜题，但是我并不满意。这些谜题很少见，而且找出能成立的谜题并不容易，并且很难解开（都是些大难题），玩起来没什么意思。

我和几位新生[1]略微放宽了游戏规则。我们允许宫格中的区块仅由一个角相连接。你可能会回想起之前我们说过没有哪个 4×4 迷宫格有 5 个区域。现在允许有一角相连，我们就有了这样的迷宫格。

---

[1] 索尼娅·布朗、贝拉·维克和克里斯丁·尼克利。

这里还有一个 4 个区域的迷宫格。

甚至还有一个 2 × 2 的迷宫格（不是很有趣）。

我们允许有空白方格，这样规则更宽松了，就像纵横填字游戏一样。看看这个游戏多有趣吧。这是个 4 × 4 迷宫格。

完整的 4 × 4 迷宫格中的数字之和是 40，但是在这个迷宫格中，所有数字的总和要小于 40，因为这里面有两个空白格。少了多少呢？很难说！

这里有 3 个区域，每一个区域数字之和是一样的，所以总和必须是 3 的倍数。这个总和不是 39，因为两个空格所含数字之和一定大于 1。

那么总和会是 36 吗？也不是。左上角那个区域的最大和可以是 11（2 个 4，1 个 3），所以总和不会大于

$$3 × 11 = 33。$$

因此，消失不见的数字（在空白格那里）相加应该是 7，也就是说它们应该是 3 和 4。这样一来我们就知道

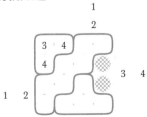

现在来看看中间这个区域。最顶端这一行是1个1和1个2，左侧列是1个1和1个2。相加之和为6。如此一来，中间区域的数字相加之和应该是5。有两种方法可以获得：

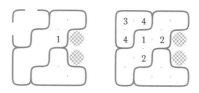

如果我们在相应的方格中将剩下的数字填进去，我们会看到其中有一个答案是对的，其他的不符合规则要求。

我又得出了更多这类迷宫格游戏。

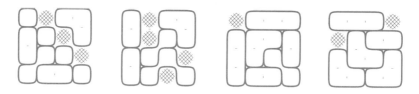

现在，让我们再做一些改变。如果迷宫格各个区域的数字之和可以不同，但必须都是素数又会怎么样呢？

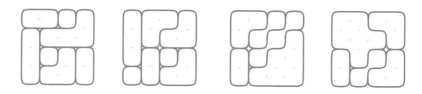

并不是只有我们发明了变形数独和智力游戏。数学家劳拉·塔曼和计算机科学家菲利普·赖利就有大量令人着迷不已的智力游戏[2]。

---

[2]见菲利普·赖利和劳拉·塔曼的《无线索数独》(Naked Sudoku)(斯特林出版社2009年出版)

苹果馅饼

我为什么会开始烹饪呢? 这故事说起来并不振奋人心。我的动机并不单纯,实际上还与人类几大原罪有关。

我真是个贪吃鬼。我爱吃,还是孩子时就吃得很营养。我的妈妈是个极好的厨师。但是我想要的总是比得到的多,特别是甜点,而所有甜点中,我最想要的是苹果馅饼。不是佐餐馅饼,不是餐厅里的馅饼,也不是蛋糕店里的馅饼,而是真正的、家庭自制的苹果馅饼。

我 6 岁时第一次吃到这种自制苹果馅饼。那时我在祖母家。我已经记不起它的味道如何了,但是我仍能回想起母亲解说制作秘诀时眼睛里的光芒。"我看着她做的,她在放上饼皮前用好几块黄油进行点缀!"

在我成长过程中,我的母亲做过几次苹果馅饼。每一个都是珍宝,但是太少了 —— 在我动身去大学前每次只有 3 个或者 4 个苹果馅饼。它们好吃得惊人。苹果是秋季新鲜采摘的,酸甜可口,所以不需要用肉桂。馅饼的饼皮是金黄色的,刚一入口爽口松脆,之后溶入了黄油的味道。

我长大了,结婚了,开始经营自己的家庭,但自始至终,我都渴望再次吃到那种苹果馅饼。最终,我自己动手做。

成功来得很快,但这并不难理解。事实是,尽管苹果馅饼在美国文化中拥有传奇地位,但这个国家出售的大部分苹果馅饼都糟透了。一个新鲜的馅饼,酸味苹果加上一个自制饼皮用黄油或者猪油点缀,不管制作过程多差也一定会胜过商业产品。

这就意味着即使你从未做过馅饼,你也不会犯严重的错误。制作的主要困难在饼皮,但是我已经研究出一个稳妥可靠的方法。除了这个饼皮制作方法,下面这个食谱堪称标准。

苹果馅饼

馅料

> 5 个煮熟的苹果（大概会出 5 杯原料）
>
> ¼ 到⅓杯糖
>
> 2 汤匙黄油
>
> ½ 到 1 茶匙肉桂
>
> 柠檬汁，如果必要的话
>
> 可能会需要 1 茶匙面粉

脆壳

> 2 杯面粉
>
> ⅔杯猪油或者无盐黄油（1⅓条）
>
> 水

　　饼皮是关键。我会在最后讨论它的准备和制作。假设你现在已经铺好底部的饼皮，并把它放在烙馅饼的烤盘上了。

　　苹果去核、去皮，切成薄片，放到饼皮里。撒上盐和肉桂。点上黄油。上面再铺盖上一层饼皮，以任何你喜欢的方式将它们的边缘密封好。在大约 6 个位置用刀猛戳进饼皮，扭动留下一个洞，用于释放蒸汽。在饼皮上撒上糖。

　　烤箱预热后，放入烤盘，以 230 摄氏度的温度烤 15 分钟，之后调成 180 摄氏度再烤 35 分钟。冷却，上桌。如果你愿意，可以配上香草冰激凌或者一块年份上好的切尔达干酪。

　　现在，说说脆壳。

　　在一个大碗中将面粉和盐混合，碗中放入黄油或者猪油，或者猪油和黄油的混合物。用面团分切机切好。

　　下一步，水。打开厨房水槽的冷水，使水慢慢滴流下来。一只手拿着装有混合物的碗，另一只手拿刀。水滴流进碗里的同时用刀搅拌。这么做的目的是让加入的水刚刚够，这样生面团会变成带干粉的小面块。用刀搅拌时不必用力过猛，但是不能让水聚集。如果水滴流过快，可以多次将碗从水龙头下移开。当你做完这些，生面团看起来仍然干爽。

这个制作方法通常需要用到 5 大汤匙的水。这个方法可能用的水大约就是那么多吧。

生面团看起来会很干，以至于你会以为当需要铺开面团的时候它们并没有黏在一起。事实上，它们可能不会黏在一起，但是相信我，这样是可行的。

撕下一片保鲜膜，铺在操作台上。将一半多一点的生面团放在薄膜上，再用一片保鲜膜盖住生面团。用擀面杖将生面团在两片薄膜之间铺开。将其大致擀成矩形[3]。

它看起来不会太好，也可能你一拿起它就散架了。

别把它拿起来。将上面的保鲜膜拿掉，将底下的面折起三分之一，再将上面的三分之一折下来。

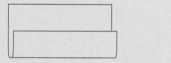 

然后在水平方向上重复上述操作，一左一右折叠。

现在，更换最上面的保鲜膜，将生面团轻轻地铺开在一个盘子里。

---

[3]到了这一步，看我妈妈做的饼皮，用她的话说"像不列颠群岛"。你可以做得更好，而这种方法的目的就是解决饼皮形状不规则的问题。

这一次它应该看上去比较圆了，并且生面团会黏连在一起。你这时应该可以将最上面的那层薄膜去掉，用下面的那层薄膜将它翻转到馅饼烤盘里去了，这样的饼皮不会断裂，令人满意。

馅饼的上层饼皮用相同的方法做。

这个方法会将每个饼皮铺开两次——通常情况下这么做不好，因为会使生面团变硬，但是显然，用这种方式做出来的饼皮很松软。我不确定到底是为什么，但是我猜是因为生面团很干。

说明：

• 煮熟的苹果用的是酸苹果。我所知最好的品种是罗德岛产的绿皮苹果，但是很难在市面上买到。鲍德温镇和乔纳森的苹果也相当好，但是也很难买到。英国布拉姆列苹果好极了。我曾经用法国卡尔维尔白冬苹果做出很好吃的苹果馅饼，但是现在不是苹果的好时节，大部分商店都不出售用于烹饪的苹果。如果你心有疑虑，那就用混合剂。

• 当你疲于挑选苹果的时候，柠檬汁和稍多些肉桂会助你一臂之力。奶酪也会起到相同的作用。应当用相当数量的、室温储藏的老切达干酪。

• 吃过太多商店里出售的馅饼，我很不愿意在馅料中加面粉或者玉米淀粉。在这个制作方法中，如果你担心苹果太多汁，也可以加一些面粉。馅饼里适度地有些果汁我并不在意，如果加入面粉，在将馅料倒入饼皮前，要在一个碗里将苹果、糖、肉桂和面粉混合好。

• 猪油是最好的。它的熔点比黄油的熔点高，能成功阻挡面粉进入饼皮松脆的内层。黄油有可能浸透面粉，导致饼皮变硬变厚。有人喜欢用一半黄油一半猪油，他们更喜欢黄油的味道，但是猪油的味道也不错，它的肉味与苹果是绝妙的搭配[4]。

---

[4]用培根熬的油怎么样？相当有猪肉味。但是别用培根熬的油。我曾经试着用过，它的熔点甚至比黄油还低（我是这么认为的）。用它做出来的饼皮不好，尽管它的味道也令人记忆深刻。但这种状态不会持续太久，没几天我就会忘掉。

你没说只言片语，但我知道你所思所想。这本书的内容应该是关于数学的，而实际上你所看到的都是涂鸦、智力题或者游戏。你想知道我什么时候才能认真严肃地说正题。

对于你的疑问我有两个答案。

第一个答案是我不打算一本正经地说事。我恰好不是什么严肃的人。如果你想要一本严肃的书，你会有很多种选择，我倒是有个书单可以给你参考。

第二个答案是我是认真的。涂鸦、智力题和游戏都是真正的数学。尽管它们外表轻率，但内在的思想是细致深沉的。确实有些哲学家争辩说所有的数学 —— 排除语境因素 —— 包括涂鸦、智力题和游戏。

而且，我想补充一点，那就是我现在谈及数学与烹饪之间的相应关系也是认真的。我用的类比法揭示出这两个领域都值得我们关注，对我们都有重要的影响。

当然，我不是在宣告这本书里的一切都意义深远。有些愚蠢的东西似乎时不时地混进来。

第八章

虚荣、懒惰、吝啬和好色

这是灾难性的坠落。从贪吃开始，我们很快堕落到其他罪恶中去。

虚荣

如果你很好，你就会想要表现出来。如果你喜欢表现，你就要先变好，这样才能有所表现。我是这么做的，如果有人问"5329 的平方根是多少？"，我能立即回答"是 73！"，每个人都会很惊讶。[1]

我也喜欢设宴待客，听人们赞扬我的厨艺。但是，我会与虚荣心作斗争，并且我获得的帮助是来自……

懒惰

假如是为了虚荣为什么要努力工作提升自己？不，我会停下来休息。我会看漫画，做个善良正直的人更令人轻松。

这看起来像是很严肃地反对自我提升

自我提升是虚荣心作崇
<u>虚荣是一种罪</u>
∴自我提升是有罪的

我想这里是存在瑕疵的，而我只是没有精力去寻找。

---

[1]但这种状态不会持续太久，没几天我就会忘掉。

厨房懒人

厨师培训中有很多减少工作量的方法，例如打蛋、切菜的快速方法等。想一想做千层饼的好方法。

如果要做千层饼，一开始你要在生面团里抹上一层黄油。

然后将结合物铺开。

并且折叠成 3 层。

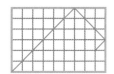

这样就形成了 3 层黄油，4 层生面。

再这样折叠 3 次。每一次黄油的层数就成 3 倍增加：9 层、27 层、81 层。相应地也会产生 10 层、28 层和 82 层生面。

只需操作 4 次就有 82 层生面了。

懒惰出奇效。

在数学上犯懒

数学家们精通偷懒之道。某一单一定理可以证明无限多的事实。这有一个例子。我们在第六章中研究了一个点在一个矩形中反弹的路径。

咱们一起找出这条路径的长度，不只是在一个矩形，而是在所有矩形中的路径长度。上面给出的这个例子（一个 6 × 9 的矩形）中，路径的长度是18（通过路径穿过的正方形的数量测出）。

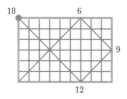

在这种情况下，路径长度是矩形边长 6 和 9 的最小公倍数。但路径长度本来一直就是边长的最小公倍数，无论边长（整数）是多少。如果我们必须逐一通过各个矩形来证明这一点，我们就必须画出无限多的图。相反，我们用一个单一论据足矣。这就是懒惰的作用！

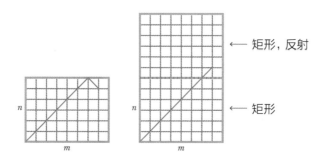

← 矩形，反射

← 矩形

每次我们到达一条边时，我们会在左边这张图中反弹，变成右边图中的一条反射线。

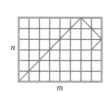
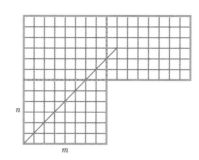

我们这样做的话，右边图中的路径是一条直线。

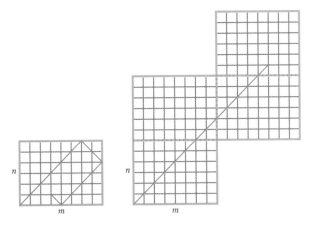

当反弹结束，

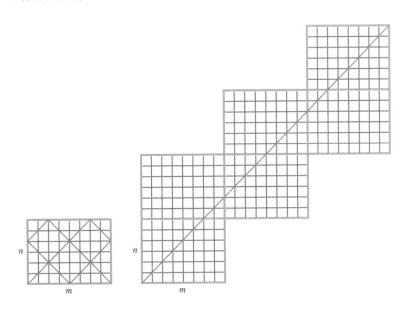

我们会看到右图中的图形是包含在一个正方形中的。这个正方形的边长就是矩形长和宽的倍数。

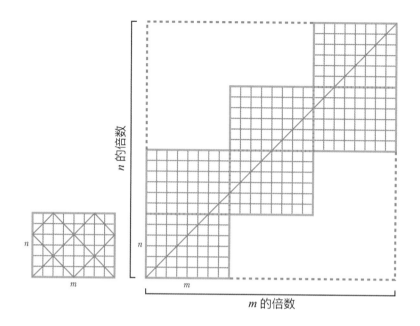

这就是边长的最小公倍数，对角线第一次到达矩形的一角。

再多一点懒惰

懒惰还有另外一点好处。

我会打壁球。和我一起打过壁球的人中有一些会去上课提高球技。但我不会去。我不会为了玩耍的技能而去做功课。但是自从我每周打一两次壁球后，我的球技得到了提高 —— 但是进步非常缓慢。结果是如今 60 多岁的我，才处在球技的最佳状态。如果我真的为了游戏玩耍去学习，我可能会在 40 多岁时就能达到自己的球技高峰，而我现在会成为一个讨人厌的老头，为自己的衰老而变得脾气暴躁，继续絮叨别人已经听厌的自己过去的那些辉煌故事。相反，现在我的那些对手们会因为我的球技比他们预期的略胜一筹而烦恼。

对数学和烹饪来说，有一点是我们需要领会的。如果你在某件事物上投入时间，你就会有所提高。在厨房进行试验，与食材一起游戏、玩耍，你会做出一手好菜。和谜题、游戏一起玩耍，你解答任何数学题的能力都会提高。

有一个关于数学家的笑话，说的是他们在数学上偷懒已经深入骨髓了。

思考以下问题：有 2 个水桶，一个白色，一个红色。白桶装满了水，而红桶是空的。有一小堆火。

我们问数学家"怎么把火扑灭？"

数学家回答说"把白桶中的水倒到火上"。

现在假设情况略有不同。假设白桶是空的，而红桶装满了水。

我们又问数学家"怎么把火扑灭？"

数学家回答说"把红桶里的水倒进白桶，这样问题就还原到之前我们已经解答过的那个问题上了"。

大部分数学家，不是所有，都懂这个笑话。

吝啬

吝啬可能是一种罪过，但是对烹饪和数学来说它有时是一种推动因素。

在数学里以小搏大是一大优点。两千多年前，欧几里得将所有数学运算简化成五大公设。用这五大公设，欧几里得推导出当时已知的所有数学运算的结果。

多了不起的成就，有人想知道是否可以再简单一些，是否有可能不用五个公设那么多？特别是第五公设有没有可能从前四个推导出来？

这个疑问推动了很多数学研究。直到 19 世纪时才证明答案是否定的。第五公设不能由其他四个公设证明。

烹饪上的吝啬

让我们一起回到我的青年时代。我 20 多岁时收入拮据。我喜欢吃比萨（见第七章）。但那时候比萨很贵。比萨当年的地位和现在不同。那时没有全国连锁的比萨店，你只有在时髦、充满异国情调的地方才可以买到比萨。在我的成长过程中，我把比萨看成是兄长辈的食物，是那些大孩子才能得到的食物。

我一直那样觉得，并健康地走入人生中的 30 岁。

不花钱就有比萨吃 —— 那是我的目标。我为这个目标尝试多年。即使是这样（懒惰），我也没对比萨进行过研究。我只是尝试各种各样的东西，期待灵光乍现的那一刻，一切就都解决了。我大概用了二十年才能做出像样的成品。

基础比萨，16 英寸

我是可以现在就把我的比萨配方告诉你，但是我不打算说。在第十二章中有一个更好的配方。

有朝一日，你会为此而感谢我。

好色

对于好色，我不会说太多。我只会简单地告诉你乔治·萧伯纳，这位 20 世纪最伟大的智者说过的两句话 ——

没有哪种爱比对食物的爱更真挚。

以及

性爱远不及数学有趣。

好吧,我再多说一点。我会给你讲个笑话[2]。

一个数学家正试着下决心:我该结婚吗?或者我该找个情人。数学家咨询了律师。

"尽一切办法找个情人吧,婚姻引发的法律事物很繁杂,事情简单些你的状况会更好。"

数学家后来又咨询了医生。

"想方设法结婚吧。婚姻更健康。已婚人士寿命长。不要为不确定的事情悲痛、苦恼。"

最后,这个数学家又咨询了另外一位数学家。

"两个都要有。你的配偶会认为你正和情人约会,而你的情人会认为你和配偶在一起,而你就可以解决数学难题了。"

我有很多罪过,但都坦白了这书读起来就没趣了。相反,我们会转向烹饪和数学共有的一个概念 ——"方法"。

---

[2]向亚瑟·阿普特致敬,是他告诉我这个笑话,并用中性词语小心翼翼地将它表达出来。

第九章

行至前沿，而后结束

很多厨师，也可能绝大部分厨师都按照菜谱做菜。数学家也是如此，在数学上我们称之为算法、规则、步骤或者技巧。有时，我们甚至把它们统称为方法[1]。

如果我们把某个数学定理想象成一道菜，那么证明也是一种方法。证明是以一系列细致的步骤进行解释，你如何从前提得到定理所说的结论。

但是，产生了新事物对数学和烹饪来说都是令人兴奋和激动不已的事。这就是那些高端的实践者们所做的事情。但其实任何人都能做到。你必须行至最前沿，然后开始行动。

听起来像消灾的方法

这是一个专为灾难准备的方法。我强烈建议你试一试。

阻止很多人超越食谱的是他们对将要发生什么一无所知。"这个食谱要求面粉，我真的不知道如果我用洋蓟心罐头代替会怎么样！"

的确如此，而且我也不知道。

但是除非你我进行尝试，否则我们永远不会知道。好厨师在尝试特殊食材的时候常常不知道结果如何。但无论如何他们尝试了，因为他们需要知道结果。要取得进步，你必须进行试验，而且你必须乐于承受失败。

---

[1] 事例见威廉姆·H. 普雷斯、索尔·A. 土库尔斯基、威廉姆·T. 威特凌和布瑞恩·P. 弗兰纳里所著的《数值方法论：计算机程序艺术》（第三版）（剑桥大学出版社 2007 年出版）

边缘状态下的烹饪

我们先从烹饪说起，因为大部分家庭厨师已经从食谱中走出来了。你可能漏掉一种材料，你可能找不到食谱了。你可能想要用光某些食材。试验是很有趣的！会失败，你会逐渐习惯的。

有个老节目"欢乐烹饪"里有一个可爱的燕麦煎饼食谱。燕麦片做成麦片糊，是一种流行的谷类食品。这种煎饼就是用麦片糊做成的。淀粉也是一种常吃的谷类食品，我喜欢淀粉。有一天，我试着用淀粉代替燕麦。这是一次成功的试验。

奶油薄煎饼

½ 杯淀粉（也作为麦乳销售）

¼~½ 茶匙盐

1 杯开水

1 个鸡蛋

¾ 杯脱脂乳

½ 杯多用途面粉

1~2 茶匙发酵粉

½ 茶匙小苏打

黄油

将盐和淀粉混合，倒入开水，用搅拌器大力搅拌，将硬块打散。封好静置，需要静置 10 分钟。同时你可以完成其他准备工作。

将面粉、发酵粉和小苏打一起过筛。

一开始每次在淀粉中加入一大汤匙脱脂乳，混合均匀（这是为了确保最后成品中没有淀粉块）。打入一个鸡蛋。

倒入面粉混合物略加搅拌（现在可以有硬块）。

将煎锅加热，锅热后用黄油充分润滑，勺子舀出面糊做煎饼，直径大概 4 英寸。当边缘开始变干的时候，将煎饼翻面，每一面再抹点黄油。翻面后不到一分钟煎饼就熟了。

说明：

- 面糊应当是黏液状的，这样可以使煎饼轻薄。
- 我没有在面糊中加黄油，我觉得吃的时候黄油在外层，直接与舌头接触感觉更好。
- 这个做燕麦煎饼的方法用的是牛奶，没有小苏打。这样味道更好，它可以去掉发酵粉轻微的化学制剂的味道。

够另类吗？可能不够。所以还有另外一个主意：蓝纹奶酪冰激凌。

我不记得自己是怎么想到的。有了这个想法直接就行动了。我侄女永远不会忘记我做蓝纹奶酪冰激凌那一天。她也不会让我忘记的。

我喜欢那味道，但是吃起来有点硌牙。

最近，我在想着怎么烤布里干酪时，这个主意又来了。

我的想法有点像这样：

烤布里干酪 …… 其实是种甜点 …… 黏的胶状的甜点 …… 在那么黏稠的像酱一样的东西里你尝不出干酪的味道 …… 这是滥用奶酪 …… 谁在管理这个国家？

但是加了布里干酪的甜点可能好吃 …… 布里干酪冰激凌怎么样？ …… 但是冷冻会让味道变淡 …… 你需要一个味更浓的奶酪 …… 啊哈！臭味奶酪冰激凌！

臭味奶酪冰激凌

220 克德国蓝色乳酪

1 杯牛奶

⅓ 杯糖

1 杯奶油

德国蓝色乳酪是绝配。它比法国卡门贝所产的软质乳酪多点辣味。"臭味"极具冲击力，但是冰激凌其实不臭[2]。

---

[2]要确保德国蓝色乳酪是新鲜的。我曾经用过不新鲜的，味道太难闻。

去除乳酪的外皮，放入炖锅，加入牛奶和糖。加热混合物，搅拌直到柔滑。关火。此时此刻你会看到一小串一小串青色的霉菌。这足以震撼食客们，但是如果你不喜欢，用搅拌机进行混合。

现在加入奶油，冷藏，然后用你最喜欢的冰激凌模具进行冷冻。实际上，你可以不用模具进行冷冻。我曾经将混合物倒入一个塑料桶，再放进冰箱。每 10~15 分钟我会把它拿出来，用搅拌器搅拌。它呈现出漂亮的奶油色，特别是立刻就吃的时候。

这个够另类，但是还有更另类的。它对我来说似乎是处理焦糖汁最好的工具。焦糖汁的问题在于它太甜了。但是如果把它浇到一个难闻的咸味的冰激凌上去呢？

加焦糖汁的臭味奶酪冰激凌

臭味奶酪冰激凌的制作方法同上

1 杯糖

2~3 汤匙水

¼ 茶匙柠檬汁

2 撮盐

¾ 杯多脂奶油

做冰激凌。

在炖锅里放上糖、水和柠檬汁。用中火煮沸直到糖变成焦糖。这样就很好，不是太深的棕色。关火。慢慢地加入奶油，一直搅拌。可能需要戴上手套，因为会有飞溅物。加入盐。烹煮 2 分钟直到酱汁完全柔滑。

在冰激凌上淋一勺酱汁，尽情地吃吧。

边值数学

边值在哪儿? 你如何才能算出边值? 你要怎么着手?

边值无处不在, 近到超乎你的想象。我的朋友汤姆·维纳是教 6 年级的老师, 过去常常介绍他班上的学生去做数学方面的研究, 每年都有。他给他们讲了著名数学家埃图瓦勒教授的故事。埃图瓦勒教授设计了一种新的数字书写方式。他没有用数字 0、1、2、3、4、5、6、7、8、9, 而是用字母 A、B、C、D、O 来代替。然而, 汤姆告诉他的学生, 埃图瓦勒在将他的发现公诸于世之前, 从船上跌落被章鱼吃掉了。汤姆向他的学生发起挑战, 让他们用 5 个字母 A、B、C、D、O 设计一个记数方法。

每年, 班上的学生都会分成若干小组各自研究, 设计出这个方法。他们创造了一种数学运算。大部分记数方法看上去和罗马数字很相似。典型的记数方法可能用 A 代表 1, 用 B 代表 10, C 代表 100, D 代表 1000, 而 O 代表 10000, 这样一来他们将 357 记录为:

CCCBBBBBAAAAAAA

有些小组的想法相当复杂。有些学生偶尔凭空想出一些像五进制的记数方法。

(在这种情况下)边值就是一种记数法。找到了边值就预示着你能够发明一套自己的、代表数字的系统。放开思绪, 推敲概念、做思想实验开始进攻。没有人会因为你的行动而受到妨害。你会失去的只有时间。

你的发明可能一无是处, 甚至可能惹人讨厌。但是它会成为你自己私人专属的记数系统。你也一定会因为尝试而学到一些东西, 而你的系统可能会很高雅, 富有魅力。

我几年前就在玩二元数字系统, 并且我想到了一个合理的变形。

对那些不熟悉的人来说, 二元数字系统就像我们平常以 10 为单位的记数方法, 只是被拆开了。在我们常用的方法中, 我们会有个位数列、十位数列、百位数列, 以此类推。

$\cdots$ 1,000,000	100,000	10,000	1,000	100	10	1

也就是

$\cdots$ 10^6	10^5	10^4	10^3	10^2	10	1

而我们使用的是 0、1、2、3、4、5、6、7、8、9 这些数字。例如，我们记录 537 时

$\cdots$ 10^6	10^5	10^4	10^3	5 10^2	3 10	7 1

我们的意思是 5 个 10^2，3 个 10，7 个 1。

在二元数字系统，或者二进制中，我们以 2 为单位代替 10。

$\cdots$ 2^6	2^5	2^4	2^3	2^2	2	1

也就是

$\cdots$ 64	32	16	8	4	2	1

并且，我们只用 2 个数字，0 和 1。如果我们要记录

1101

在二进制中表示为

$\cdots$ 64	32	16	1 8	1 4	0 2	1 1

换句话说，数字 8+4+1=13

我们只用了 0 和 1，这样每一个数字只有一种书写方式。如果我们以 2 为单位，这样 2 既可以作为 2 也可以作为 10 书写。

令人惊奇的是，只用 0 和 1 就可以代表所有自然数。例如，要表示 43，你会想：

我不需要 64 列，我可以用 32 这列。

$\cdots$ 64	1 32	16	8	4	2	1

如果我用 32，那么恰好需要 43－32＝11。而对于 11，我不需要 16，但是我可以用 8。

		1	0	1			
···	64	32	16	8	4	2	1

现在我需要 11-8=3，我可以用 1 个 2 和 1 个 1 获得。

		1	0	1	0	1	1
···	64	32	16	8	4	2	1

我们就是这样用二进制表示 43 的

101011

现在，我想知道的是：你必须用 0 和 1 吗？你能用，比如说，1 和 2 吗？我试过了，可以用。例如，如何表示 8：

				1	1	2
···	64	32	16	8	4	2	1

这个是如何表示 43：

			1	2	2	1	1
···	64	32	16	8	4	2	1

还有如何表示前 12 个数字：

普通以 10 为基础	1	2	3	4	5	6	7	8	9	10	11	12	···
以 1 和 2 二元命数	1	2	11	12	21	22	111	112	121	122	211	212	···

但是有一个数字你无法表示出来，这个数字是零。

这很有趣。我尝试了其他组合，1 和 3、2 和 3、0 和 2 等，但是都存在问题。1 和 3 这一组合只能表示奇数，0 和 2 这个组合只能表示偶数。用 2 和 3 则存在一些缺口，你无法表达出 1。你可以表示出 2 和 3，但会漏掉 4 和 5。你可以表示出 6、7、8 和 9，但是接下来你会漏掉 10、11、12 和 13。

当我思考三元（三进制）的时候，我正打算放弃，三进制用这些数列：

$$\cdots \quad \overline{} \quad \overline{3^6} \quad \overline{3^5} \quad \overline{3^4} \quad \overline{3^3} \quad \overline{3^2} \quad \overline{3} \quad \overline{1}$$

也就是

$$\cdots \quad \overline{} \quad \overline{729} \quad \overline{243} \quad \overline{81} \quad \overline{27} \quad \overline{9} \quad \overline{3} \quad \overline{1}$$

三进制记数方法通常用 0、1 和 2，但是我发现用 1、2 和 3 也可以 —— 除了不能表示出零。

别的还有 0、1、和 -1。这个方法被称为"平衡三进制"（也称对称三进制）。不仅可以用来记录 0、1、2、3、4 …… 还可以记录所有负数，这个方法非常酷。

还有其他组合吗？我尝试了几个。有一个可以，尽管一开始这个组合并不被看好：-1、1 和 3。我称之为"不对称三进制"。为简单起见，1 代表 -1。这样如何记录 1 就显而易见了：

1

那 2 呢？像这样：

11，

加上 1 个 3 再减去一个 1 等于 2，这样 3 和 4 就容易了：

3 和 11

但是 5 曾把我难住，直到我发现：

111.

如此一来，你可以这样记录前 12 个数字：

普通以 10 为基础	1	2	3	4	5	6	7	8	9	10	11	12	…
对称三元制	1	11	3	11	111	13	111	31	113	31	111	33	…

你能得出 0。

13

而且还能得出负数。我会让你这样填[3]:

普通以 10 为基础	-1	-2	-3	-4	-5	-6	-7	-8	-9	-10	-11	-12	...
对称三元制	1	11	113										...

正如我之前提及的，有时汤姆的学生们会创造出类似五进制的记数方法。五进制有这些数列:

使用的数字是 0、1、2、3、4。汤姆的学生可能用类似 A 代表 1、B 代表 2、C 代表 3、D 代表 4、O 代表 0，这样一来，例如

BDC

以此为例，应是 $2 \times 5^2 + 4 \times 5 + 3 = 50 + 20 + 3 = 73$。

我想知道哪 5 个数字组合在一起可以以这些数列为基础进行记数? 我相当确定 1、2、3、4、5 可以，但是还有别的吗?

只有一种方法能知道答案!

"边值"听起来吓人 (总之在数学里是这样)，但是你不必看得很远去寻找它。而且它很安全。六年级的学生可以与它做游戏，并且没有人受到伤害。

---

[3] 网站上有一个证明说的是每一个数字都被记录出来。奇怪的是每一个数字都有无限多不同的记录方式。这个在网站上也能找到。

第十章

全局思维

你可能处在临界状态而看不到边界在哪里。但数学和美食学都有可以引领你直接找到边界的方法。最简单的就是普遍化。我们常常因为成功获得某个事物而取得进步，并且会继续推动看看这个事物是否还会更进一步。有时的确会更进一步。

通用生面团

当我最终确定自己的面包食谱时（见第二章），我在哪都想用一用。我已经用它成功做出了比萨。但是其后我想看看它是否适合一切要用到发酵生面团的食谱——甜面包、百吉饼、英式松饼等。我发现它的适用度很惊人，这就意味着我的生面团可以做两块面包、烤一条面包，可以将剩下的生面团放到冰箱里为不同的场合做准备。

这里有些非常成功的生面团用法。

甜面包

½ 个食谱中提及的生面团（相当于一条烤面包的量）

5~8 汤匙无盐黄油

胡桃

⅔ 杯糖

少量糖浆

葡萄干（我喜欢金黄葡萄干）

用黄油将烤盘润滑。我更喜欢用面积至少75平方英寸，盘边高2英寸的烤盘。我曾经用过一个8英寸×8英寸的烤盘，黄油总是溢出盘边，在烤箱底部燃烧起来。这使小面包有一种与众不同的味道。用了几年后我换了一个更大的烤盘。

在烤盘底部点上两三汤匙的黄油。烤盘里撒上胡桃，量多量少依个人喜好。烤盘里撒上⅓杯糖。在糖上滴上少许糖浆（1~2茶匙）。

将生面团铺开成一个大矩形。

把剩下的黄油点在上面，撒上剩下的糖，滴上稍多的糖浆，再撒上葡萄干（依个人喜好定量）。

从较长一边开始将生面卷起来。

将面卷切成16份，切面朝上（或朝下）放在烤盘中。

让小面包静置醒发，直到略为疏松。之后将烤箱调到230摄氏度，烤25~30分钟[1]。

说明：
• 你可以避免出现夹生的问题，按下中间部分，如果像海绵一样松软有弹性，那应该再烤久一些。

[1]没错，230℃。

- 你也可以避免烤焦。如果你用的是玻璃烤盘，看看盘底即可。
- 但是我的经验是不管材质是什么都好。有时我会把它烤焦。这样很好。有时我太快把它拿出来中间还有点滑腻，这样也很好！
- 这些小面包不像商店里卖的那么甜，也不会太油腻。这样很好 —— 努力吃几个你会觉得又赚了几个。
- 你可以使用不同的坚果和水果。杏仁（切碎）和干樱桃是种可爱的搭配。在铺开生面前，撒上 ¼ 茶匙杏仁汁。
- 另一种极好的搭配是碎榛子和杏脯。

法式长棍面包

按食谱准备一份生面团。

黄油

燕麦片

只需做一个又细又长的烤面包。你可以在大型烹饪板上烤。在板上涂黄油润滑，撒上燕麦片。我将一条面包分成 3~4 根长棍面包，从 1 英尺拉伸到 20 英寸。

以 230 摄氏度进行烤制，直到你觉得烤熟了（20~30 分钟）。

在宴会上，我为每位客人做了一条烤面包。

最近我买了一些长形烤盘，每一个都可以烤 2 根长棍面包。它们的横截面像这样：

我把它们弄弯了，现在成了这样：

我发现我不必对这些烤盘进行润滑。面包烤好时，它也很容易滑出来。

皮塔饼

（大概 8 个皮塔饼的量）

食谱中生面团的 ½

1 个煤气灶

用煎饼用的浅锅或者长柄平底锅，以极高的温度加热。将生面团分成 8 块。在撒上面粉的面板上，将每块生面团擀成面饼，厚度约为 ⅛ 英寸。锅热时，调到中火加热，放上一片生面饼。当你看到表面出现气泡（一两分钟后），轻拍圆面饼。

当圆面饼略微变硬时（边缘翘起的时候不需要过多拍打），翻面，将锅移走，将圆面饼直接放到燃烧的火焰上。它很快会膨胀起来，我不会让面饼在某一点膨胀过快（这会使面饼破裂）。当膨胀的部分略微烧焦，翻面，直到另一面成烧焦的棕色。我更喜欢两边都略微烧焦（不是所有人都喜欢这样）。

把圆面饼放在烤架上冷却。冷却的圆面饼可以切成两半，每一半都可以展开形成一个口袋。这些最好在半小时内吃完。

说明：

• 它们不会每次都膨胀。原因可能有很多。别放弃尝试。皮塔饼即使没有膨胀也能打开形成口袋。这需要花很多工夫，但是很好吃。

• 我曾经在电炉上试过，不行。但是可能有人比我聪明会成功的。

有些应用并不太好[2]。做百吉饼还可以，半圆烤乳酪馅饼不错。做英式松饼也不错，但是味道不同寻常。果馅卷没做成，但是做椒盐脆饼干非常好。这还有一个：

---

[2]用于灌浆瓦片饼的试验完全失败。

中式肉馅小面包

½ 个食谱中所说的生面团
美味可口的馅料
黄油
蜡纸

将生面团分成 8~10 份。将每一份擀成饼，中间放上一些可口的馅料。用生面饼将馅料包起来，封口。传统的做法到这一步会通过捏住顶部封口就结束准备工作。将各个小圆包放在一片涂了奶油的方形蜡纸上。

在蒸锅中蒸大约 20 分钟。

关于馅料可以查阅中国烹饪书籍，叉烧肉是传统做法。手撕猪肉加上烤肉调味酱味道很棒。菲律宾阿道包也很好。在菲律宾，这种包子叫 siopao。注意，要从食谱中选择一种汤汁不太多的馅料。

盒子

把烤面包用的生面团放在一边，我们要去推挤矩形。

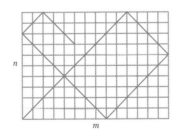

你可能会想起第六章结尾的那个梦。它是由数学理论与反弹点的形状与图形（比如矩形）相连接组成的，含糊不清。

我将梦境变成现实的首次尝试是观察 L 形区域。

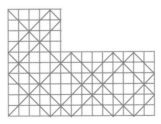

情况很快变得非常复杂，因此我将其暂时搁置。

我转向了不同的研究方向，思考变得立体。我思考的是一个在盒子中反弹的点。

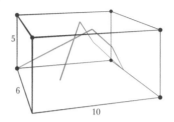

这下变得特别容易。答案本质上与矩形的一样。在矩形里，反弹的点沿着更偶数化（2 是最多的因数）的那一边终止。在前文中提及的盒子中，6 和 10 都是偶数，并且比 5 更偶数化，因此，你会在两边相交的一角终止反弹。

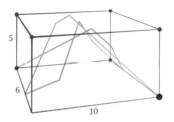

这只是关乎维度均匀性的问题。

出于好奇心，我想知道如果不在盒子内部四处反弹而是在盒子外边像包装带那样缠绕会怎样。我们先沿着盒子底部开始说明。

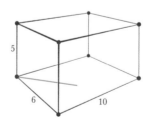

当你触碰到边缘，你只会弯曲，绕着一侧向上，保持相同的角度（45 度）。

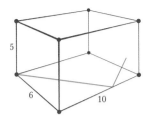

在每一边缠绕,直到某些事情发生。

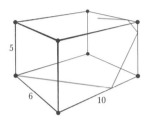

在这个盒子里,有一个惊喜:你会在起点终止。

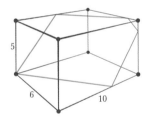

我发现这些盒子至少和 L 形状一样,都很狡猾,但是它们令我着迷。与矩形一样,如果盒子的外形尺寸是整数,你可以证明所有的路径在矩形的一角终止。原因是相同的,路径总是会穿过交叉点。

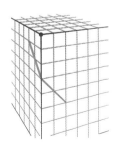

并且只能穿过相同的交叉点两次。

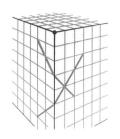

所以，这条路不会永远走下去。最终它会在一角终止。

但是在哪一角终止呢？

这是个谜题！它当然取决于盒子的边长，但是边长如何决定是哪一角呢？与均匀性确实有关系，但是并不那么简单。看看这些，作为范例。

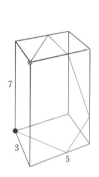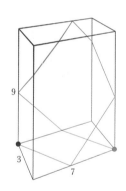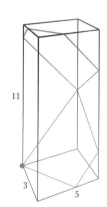

所有的尺寸都是奇数，但是每个盒子都有一个不同的终止点！

我一直和我的儿子弗莱德一起研究这个问题。我们已经取得重大进展。我们的一部分研究在网站上可以看到，在接下来这一章我会介绍更多内容。

第十一章

饮食本土化

什么？数学里居然包含"本土化材料"！对此我想不出什么。在我们这个星球上，数学的元素没有什么地点和位置，它们存在于我们的思维中。这可以说是美食和数学之间不同的主要特征之一。

我们选用本地的食材有两个原因，其一是成分新鲜，做出的菜肴会更好吃。另一个原因是如果食物不是经过万里跋涉运输过来，那么菜肴制作的准备工作受到环境的影响要小得多。但是当然，数学不会遭遇这类问题。

其实，数学是完全绿色环保的。我们从未扔掉一个数字。我们持续重复使用数字。我很高兴地说，数学，完全是可持续的。

有配料的食材

如果你不用当地的食材，那么你做的菜会多出一步，要去除它的原产地特征。你用有配料的食材时同样如此。举例来说，某个食谱可能需要一大汤匙番茄酱。但是，什么是"番茄酱"？依据生产商来看，它可能包含红色成熟番茄的番茄浓缩汁、蒸馏醋、高果糖玉米糖浆、玉米糖浆、盐、香料、洋葱粉和天然风味物质[1]。你会自己做这道菜还是叫外卖？

大部分厨师不会介意使用有配料的食材。虽然他们可能会选择一个品牌的番茄酱而不要另一个品牌的番茄酱，但是他们总会用番茄酱。做高端菜肴的主厨可能会进行分类，从番茄酱中提取出他/她真正想要的东西，然后从基本配料中获取。

---

[1] 例如，亨氏番茄酱。我在杂货店花了很长时间阅读包装标签。

我不是做高档菜肴的主厨。但是我也会为有配料的食材而困扰。我有时会自己做一些食材，这样我就不必用外卖商品。我曾经做过番茄酱（《欢乐烹饪》节目中介绍的方法）[2]。

我通常会自己做一些红糖（将白糖和糖蜜混在一起即可）。因为一度依赖于伪汉堡食谱中的葡萄果仁麦片，饱受困扰后我自己设计了一个葡萄果仁麦片的制作方法。

但是随后，我就想要知道：为什么我会因为有配料的食材而烦恼？

用证据证明

于是我有了答案。假如我正在阅读一篇数学论文，在论文中我看到了一个定理的证明。如果证明用的是另一个结果，即其他论文的命题时，我就觉得心神不安。我觉得自己没有真正理解定理的证明，直到我读完并理解了较早前命题的证明。作为数理逻辑学家我对这一点体会特别强烈。

数理逻辑是我第一个认真研究的领域。逻辑与数学基础有关。我们从几个数学原理开始，再从这些原理构建出宏伟的数学大厦。这是欧几里得在2400 年前做的事情，也是 20 世纪逻辑再次研究的内容。

我所接受的教育是寻找基本原理，在数学基本原理上深入自己的研究。并不是每一位数学家都这么想，而事实上是，大多数都不会这么想。如果所有事物都必须从基本原理出发、完成，那我们就不会取得如此多的进步。可能对于美食学和数学来说这是另一种美。我相信这种美在这两个学科中都存在，没有什么可惊讶的。

使用隐藏食材的食谱

大部分厨师用组合食材都很顺手。这也是一种风格。其实在我小时候，用工业产品进行烹饪的情况还是很多的：用玉米片做的饼干，用罐装蘑菇汤做的砂锅菜，用瓶装意大利面酱做的烘肉卷等。

---

[2] 厄马·S. 龙鲍尔和马里恩·龙鲍尔·贝克尔（鲍勃斯—美林出版社，1971）以及最新的一个是由梅丽莎·克拉克在《纽约时代杂志》2012 年 6 月 29 日这一期中提供的。

我最爱的简餐是花蛤浸，可能是卡夫食品公司研发的产品。我妈妈聚会待客时做了。某个聚会后的第二天早上，我的兄弟们和我会就着油炸玉米饼，抢着吃剩下的花蛤浸。我当时就爱上了。

我最近会上网寻找制作方法。我找到很多，但是没有哪个和我记忆中的味道相符 —— 一罐头切碎的花蛤，2 包带香葱的奶油干酪，还有一些伍斯特郡酱。我再也找不到带香葱的 3 盎司包装的奶油干酪了。我找到这种有香葱和洋葱的奶油干酪是糊状的，可能干酪的含量少而水分多。有了这些，下面这个制作方法就与我记忆中的味道相近了。

花蛤浸

180 克罐装碎花蛤
170 克奶油干酪
1½ 茶匙香葱末

保留罐头中的液体，将剩下的食材混合在一起，加入足量的罐头中的液体使所有食材都能浸泡在其中。冷藏。吃时配上独创的油炸玉米饼，味道很正。

存在隐藏证据的证明

不是只有逻辑学家会被有证据的证明所困扰。当大多数学生的老师（带着一种混杂着骄傲和担心的复杂情绪）告诉他们无穷小数

$$0.999999\cdots$$

等于 1 时，他们也会经历一段这样的困扰时光。大部分学生没有放弃，这是

一场战争。老师是胜利一方，但是这种胜利是空洞的，因为在他们心里，学生并没有信服。对此的证明过程一般是这样的：

好的，我们现在有这样一个小数，是什么呢？我们将未知数称为 x。

$$x = 0.999999\cdots$$

现在我们将等式的两边都乘以 10。等式右边只是移动了小数点。

$$10x = 9.999999\cdots$$

现在我们有两个等式，所以我们可以相减：

$$10x = 9.999999\cdots$$
$$-\quad \underline{x = 0.999999\cdots}$$
$$9x = 9$$

很好！如果 $9x$ 等于 9，那么 x 只有一个可能的值：

$$x = 1$$

这个胜利是空洞的，因为这个不可思议的证明说服不了任何人，甚至可能连老师们都不信。

学生们在想："无论你证明多久，$0.999999\cdots$ 就是小于 1。永远都会有一点点差！"

这也是一道证明题，证明 $0.999999\cdots$ 不等于 1。问题是学生们没有将 $0.999999\cdots$ 看成是一个完整的数。他们将它看成一个运动对象。它不是一个无穷小数，而是一个正在变得越来越长的有限小数。有限小数永远不是 1，因此 $0.999999\cdots$ 不等于 1。

因为对象 $0.999999\cdots$ 是无穷和。

$$\frac{9}{10} + \frac{9}{100} + \frac{9}{1000} + \frac{9}{10000} + \cdots$$

所以此处缺失的是无穷和的归整原理。

没有这个原理,第一个证明就毫无意义。说"$x=0.999999\cdots$"是假定 0.999999 … 代表一个单一的、无变化的量。为什么它应该代表一个量呢?

其背后隐藏的原理并不简单。它清楚地说明人类用了 2000 多年才得出细节!

最后,完全取决于你是哪一种数学家/厨师。我想我两种都是。有时我向往基本原理。我会从空集开始,创造出数字手工集。我也会自己制作酸奶油、酒醋、红糖、番茄酱、芥末和蛋黄酱。

而在其他时候,我会做一回花蛤浸,从架子上拿下一个无穷小数,然后冷藏。

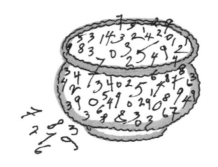

第十二章

谦逊的厨师

在"自大的厨师"（第二章）中我介绍了我的解题理论。我在那一章里解释了解题要有两种人格，有人充满自信而有人总是自我怀疑。我们在那一章里看到了第一种人格。现在该谈谈第二种了。

但是我先给你讲一个真实的、关于课堂上的自信和谦逊的故事。这是几年前我从一个同事那里听来的。他进行了一次测验，当时班级成绩不是很好，但是他对班上一位女生交的，也是全班最好的试卷印象深刻。他当众对她进行了表扬。当即，两个男生站起来抱怨说测验有错误之处。这位女生，也是聪明的学生，也和他们一样没有弄明白测试的内容。他们说，其实她曾在测试的前一天向他们求教过。她有难处而他们也帮助了她。那为什么她的测验得分比他们的高？

那位女生很尴尬。老师也很为难，难以做出回应。但如果以我的解题理论看，就能清楚地解释。这位女生能谦虚求教，而获得的帮助给了她与谦虚相配的自信。两位男生信心十足，但是在他们与女生的交流过程中没有增加谦虚之感，他们甚至可能已经丢掉了一些！

从自信到不自信的转换并不容易。如果你确定自己是对的 —— 为什么要怀疑自己？当然你**可能**是粗心造成错误。这个故事里的小伙子一定是犯了几个这样的错误。

但是，我们假设你是对的，即使**真的是对的**，你仍然需要怀疑！

听起来奇怪吗？我会给你讲两个故事。

有疑心的欧拉

这个故事在哲学家伊姆雷·拉卡托斯（1922~1974）的《证明与反驳》[1]中有详细的描述。我只需要用他所探讨的一个片段就能说明我的观点。

这个故事是关于多面体的。

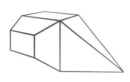

将多面体想象成一个带有多角形边的立体图形。多面体的表面由多边形（称为"面"）、边（面之间的线段）和顶点组成。

故事是从史上最伟大的数学家之一莱昂哈德·欧拉（1707~1783）的观察开始，任何一个多面体的面数加上顶点数之和是边数加上 2。

$$F + V = E + 2$$

其中 F 是面数，V 是顶点数，而 E 是边数。举例来说，立方体有 6 面、8 个顶点和 12 条边。

$$6 + 8 = 12 + 2$$

欧拉公式的证明也被提了出来，但是几年内就有数学家开始怀疑。他们发现有些例子就不适用这个公式。

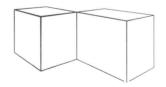

在这个例子中，从学术上讲是个独立的多面体，有 12 个面，14 个顶点和 23 条边。

---

[1] 剑桥大学出版社 1976 年出版。

$$12 + 14 \neq 23 + 2$$

这个问题通过限制公式图形解决了，边是指正好两个面形成的边。

但是这里还有另一个例子。

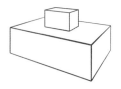

现在它有 11 个面、16 个顶点和 24 条边。

$$11 + 16 \neq 24 + 2$$

问题在于有一面有个"洞"。

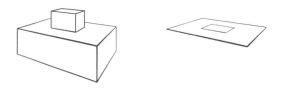

这个问题通过要求面没有洞解决。如果上图有洞的面拆换了

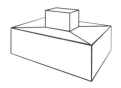

那么这个公式就对了。

$$14 + 16 = 28 + 2$$

很好！但是，有这样一个例子。

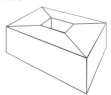

面没有洞，但是多面体有一个洞，因此有 16 面、16 个顶点和 32 条边！

$$16+16 \neq 32+2$$

这样的例子再三出现。每一次，这个定理的陈述都会被修改得更精确。中间总会有一个真实正确的定理。

从欧拉首次提出该定理到最终形成有证明的、严谨的定理几乎用了 50 年。对此更完整的探讨无法在这本书完成[2]。

猜不透的比萨

多年以来，最让我变得谦虚的工作是做比萨。我从零开始。我的第一个比萨饼皮是用发酵粉做的生面团（没有酵母）。做得太差以至于谦虚战胜了自信。我再次尝试是两年之后的事了。

当我开始烤面包时，我重新为比萨而奋斗。我很快决定用做面包的生面团做比萨。但是我仍然面临着饼皮难关。我尽可能尝试，但做出的饼皮总是很软。我们有一个电烤箱加热缓慢，并且加热的热度似乎从来不足或者不够干燥。经历了无数次尝试，我偶然发现以下这个办法：首先，我将比萨放到冷的烤箱中，这样用于烹饪的热量自下而上集中在饼皮上。其次，当底部的饼皮熟了，我将比萨移出烤盘放到烤箱架上几分钟，使饼皮彻底变硬，烤成棕色。一直到 1982 年，我有了一个煤气炉。我那时已经研究了 10 年如何烤好比萨。

现在的问题是饼上的配料。我试过的每一样东西似乎都会变湿 —— 除了意大利辣香肠。我做的饼皮底部发脆，但是上面像糊着烂泥。

蘑菇就是一个特别大的难题。我痛恨罐装蘑菇这个创意，即使我是从比萨店买的。但是新鲜的蘑菇在加热烹饪时会留下水坑。最后我无意中发现把蘑菇先做熟是可行的方法[3]。其他蔬菜也会渗漏出水。我花了好几年才意识到我可以将胡椒切得更碎，少量堆放。

到了 20 世纪 80 年代末，我做出了像样的成品。我能发挥稳定做出比萨，甚至可以开公司出售了。自信战胜了谦虚。我做的比萨很好，我也成功研发

---

[2]但是网络并不会受限。你会在网站上找到，并且还有受更广义理论启发而做的 T 恤衫。
[3]用可口的肥肉煎蘑菇。牛油就非常好。

出了比萨配料搭配。我确定我那时是自信的。我不再追求进步。

但是 2002 年发生的一件事情引起了我的注意。我的比萨非常棒（我是这么想的）。我做的饼皮受到赞扬（这是事实）。但是我的客人从没有吃完我做的比萨。他们总会将饼皮的边缘剩下不吃。最终，我有所怀疑了。

怀疑使我想确认是否我用了太多生面团。问问题的同时我更加谦虚。用一大块生面团我就可以有所炫耀了，我能像专业人士那样拉伸、转动、上下抛掷生面团，而用小块的面，我只能用擀面杖擀开。但是结果却有极大的提升。

比萨制作基本方法（16 英寸）

⅙ 份食谱所说的生面团（该食谱见第二章）

3 汤匙番茄糊（不是番茄酱）

½ 茶匙牛至

110 克马苏里拉奶酪

你喜欢的比萨配料，但不要太多

2 汤匙新鲜磨碎的帕玛森乳酪

用黄油将烤盘润滑[4]。擀开生面团。这并不容易。我将生面团擀成直径 13~14 英寸大小，再迅速拍在烤盘中，然后慢慢地将其拉伸至烤盘边缘。

生面皮表面点上一些番茄糊，撒上牛至。上面加上马苏里拉奶酪和你喜欢的比萨配料，撒上帕玛森乳酪。

以 230 摄氏度烘焙 15~20 分钟。不时检查一下。最后，我把它从烤盘中移出，再在烤箱架上烤 1~2 分钟。

所有常见的食材都可以用作配料：

- 意大利辣香肠 —— 切得薄一些这样烤出来比较脆
- 蘑菇 —— 需要提前烹饪
- 洋葱 —— 这个也需要提前烹饪，做成焦糖色
- 胡椒、橄榄、浸泡在卤汁中的洋蓟心、做熟的火腿汉堡等。

[4] 或者不润滑。我现在发现润滑烤盘并不是非做不可的。烤熟的饼皮并不会粘在烤盘上。

圣女果比萨

1 杯左右圣女果
½ 茶匙切碎的迷迭香
80 克优质切达干酪
可选项：¼ 杯胡桃
橄榄油
盐

将圣女果切开，放在比萨饼皮上。撒上迷迭香和切达干酪。这里说的"优质"切达干酪是指有很多种滋味，不一定要有非常强烈味道的干酪。佛蒙特州或者纽约州的干酪就很好。还可以撒上山核桃碎粒。

淋一点橄榄油，按个人口味加盐。烤制。

茴香比萨

1 个中等大小的洋葱，切得非常细
1 杯细细切好的茴香头
3 汤匙黄油或者更多
¼~⅓ 杯黄金葡萄干，切碎
1 汤匙苹果醋
可选项：切碎的，煨过的榛子
盐

慢火用黄油炒洋葱和茴香，直到蔬菜变干，成焦糖色。加入葡萄干和醋，再略加烹炒，然后将它们一起铺散在比萨饼皮上。如果有，撒上榛子。

按个人口味加盐，然后烤制。

鲁宾比萨

俄式调味酱

德国泡菜

咸牛肉切片

新鲜研磨的葛缕子籽

如果可以，在生面团中加一点黑麦粉

在比萨饼皮上涂上俄式调味酱，就像涂番茄酱那样。上面加上德国泡菜、咸牛肉、瑞士硬干酪，再加上葛缕子籽粉。

烤制。

压轴的这个比萨通常最受好评。

苹果比萨

苹果，去皮去核、切片。

一小撮肉豆蔻或者肉豆蔻干皮

优质切达干酪

核桃（必需的）

1~2 茶匙糖

1~2 汤匙黄油

将苹果片铺在饼皮上。撒上肉豆蔻或者肉豆蔻干皮。放上干酪、核桃，撒上糖。

点上一些黄油。

烤制。

这里我想让你知道，你们必须一直关心自己的产品／想法／菜／定理是否还能有所进步和提升。可能你已经知道了。可能你比我这个需要时刻被提醒不要太自鸣得意的作者还要明白这一点。

第十三章

愚蠢的怪人

解答一道具有挑战性的数学题就像烤一块蛋奶酥——如果你想要成功，就必须做好准备承担失败风险。

——基思·德富林（全国公共广播电台《数学人》）

我解题的方法可以描述为：

1. 不用担心，只管尝试

2. 如果可行，那太好了，直接到第 3 步。如果不行，重复第 1 步。

3. 好吧，现在需要有所担心了。你一定出错了。找出自己的错误。

简而言之，我要告诉你的是把它搞砸。对大部分人来说，这似乎是错误的。听起来像是数学测试中一个糟糕的办法，也像是为宴请 10 个人准备菜肴的最坏方式。但是事实是，自动自发地出错是取得各类进步的关键。

在厨房中搞得一团糟

厨师不会出错。他们会引导试验继续进行下去。要说的错误是一个态度上的问题。不要改变你的步调，转换你的态度。

即使一次失败的试验也会告诉我们一些有价值的东西。我用了 5 年时间去试验得出了伪汉堡的制作方法。我用了 20 年时间不断尝试创造出自己的比萨食谱（经过 10 年的尝试我没有告诉你们我的方法是什么，因为又一个 10 年后，我知道了一个我更喜欢的方法）。

至于比萨，我想我能给予你强有力的试错支持。做比萨并不简单。我从未见过哪个比萨食谱标榜"十分简单"。你可以仔细研究比萨，但是没有什么毫无遗漏的语言文字供你学习。你必须亲自行动，先弄得一团糟。

在尝试做比萨的时候，我有时会用食谱，而烤出来的比萨和我（或者烹饪书作者）想要的不一样。但是每次我都增进了对生面团、配料、烤箱温度的了解，还会一点点摸索出家人的饮食喜好。我学得很慢，但是我学到了。

目前，我正在主导意大利饺、千层饼、烟熏排骨和锅贴的试验。

不做饭的人常常觉得烹饪技能是与生俱来的。他们对自己说"我不知道这里要做什么。如果我有成为厨师的天赋，我就会知道。所以烹饪我做不来"。

错！这需要时间。每个人都需要时间。投入时间（可能要很多时间），然后你就会成功的。

数学上一团糟

当我开始研究无线索数独（见第三章）时，我对这样的谜题是否成立毫无概念。但是我没有等待灵光乍现那一刻，而是立即行动，尝试着出了一道谜题。我一次又一次地失败，但是我从每一次失败中都能学到一点东西。

当我开始研究矩形中的反弹点时，我完全困惑不解。但是我和矩形一起游戏，尝试着看到一种模式。我是因为这样一种反弹而困惑不解。

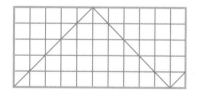

我看着矩形将它想象成棋盘。

我这样跳：

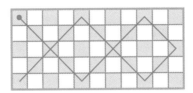

而不是这样：

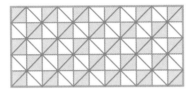

棋盘上的弹跳

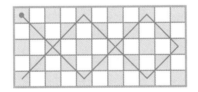

与在一个稍小矩形中弹跳的情形一样。

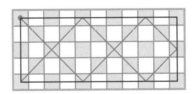

我变得更困惑了。在我意识到下一步怎么走前已经过了好几天。我是在浪费自己的时间吗？

完全没有！我当时不能告诉你，而现在我也不能告诉你我学到的到底是什么。我必须投入时间。

非数学家们常常觉得做数学题的能力是与生俱来的。他们对自己说"我不知道这一步该怎么做，如果我有数学天赋我就会知道了。我不知道，所以我离数学远远的"。

错！这需要时间。每个人都需要时间。投入时间（可能要很多时间），然后你就会成功的。

莫扎特怎样引起麻烦的

约瑟芬·索尔曼的《莫扎特风格》[1]中有一段关于莫扎特的精彩轶事。面对前来讨教交响曲作曲技巧的一位年轻人，莫扎特回答说交响曲很复杂，建议从更简单的开始。

"但是莫扎特先生，"那个年轻的家伙说，"你在比我还年轻的时候就已经写出交响曲了！"

莫扎特回应说："我从不问别人怎么写。"

莫扎特和这位年轻人之间的差别不在于知识，而是勇气。莫扎特不惧怕行动，也不怕陷入困境。这位年轻人行事小心谨慎，因为他缺乏必要的勇气。莫扎特断言他必须从更简单的曲子开始。

一团糟的事情说得够多了。我们一起来谈谈美。

---

[1] Walker 出版社 2002 年出版。

第十四章

高雅的菜肴

数学家们有时会用"高雅"一词描述一个数学命题元素的优雅与快乐。将外来物加入这道最谦逊的汤里似乎很牵强，但我相信正合适。单就其意义而言确实不高雅，但它的高雅在于以一种方式对有限的配料进行探索、开发，再巧妙地联系在一起，形成不同的内容。这个过程是简单的，没有任何浪费，没有未知的结果。

——马赛拉·哈赞

美食之美在于味道。数学之美更难以形容，但真实存在。数学也有味道，有审美，有美的概念。典型的数学审美是高雅。马赛拉·哈赞在上述引言中对这个词有完美的感受[1]。几个元素，完美混合，没有浪费，无违和感。

切尼的纸牌魔术

20 世纪，哈特福特大学数学家威廉姆·菲奇·切尼设计出一个纸牌魔术，从中我们可以看到一个关于数学上的高雅的生动例子。首先，这是一个令人开心又令人费解的魔术。其次，其背后的数学运算只是让这个魔术成功。只需要有一整套足够的纸牌，整副牌里有足够的花色而已[2]。

这个魔术需要一组人才能成功实施。观众们看到的情形是这样的：一个

---

[1]《更经典的意大利烹饪》（Knopf 出版社 1978 年出版）

[2] 关于这个技巧的完整描述、历史以及一些有趣的演变都可以在克鲁姆·马尔卡希的《数学地平线》中"菲奇·切尼的五张纸牌技巧和概述"一文中找到。2003 年 2 月发表，第 10~13 页。

人，我们叫她迪尔德丽，正在房间外。另一个人，我们称他为哈罗德，站在观众面前。一名观众签牌，并按自己的意愿洗几次牌，然后发给哈罗德 5 张牌。

哈罗德大致看一下牌，选择一张还给观众。随后他将其他牌堆放在一张桌子上，然后从一道门离开，而迪尔德丽会从另一道门进入房间。

迪尔德丽走到房间的前面，她拿起哈罗德留下的纸牌。

仅用几秒钟，她就当众宣布那张留给观众的纸牌是什么。

太不可思议了。

这个魔术能成功是因为哈罗德成功地向迪尔德丽发出了信号，通过他留下来的纸牌以及这些纸牌的顺序，辨识出第五张纸牌。这是高雅的数学。

魔术是这样成功的：哈罗德所看到的这五张牌中至少有两张属于同一个花色。这里有两张是红桃。哈罗德选择其中一张红桃牌还给观众。另一张红桃牌则被放在其余纸牌的最上面，而剩下的这四张牌会被他一起堆放在桌子上。因此，当迪尔德丽拿起这组纸牌时立即知道第五张牌的花色。

但是是那个花色中的哪一张牌呢？

哈罗德用其他三张牌标出不见的那张牌的牌面是多少。想象整副牌按照以下顺序排列：所有梅花（club）先排出，然后依次是方块（diamonds）、红桃（hearts），最后是黑桃（spades）（这是按照字母顺序 c-d-h-s 排列的）。在每组花色中，A 在 2 的下面，2 在 3 的下面 …… 直到最上面的是 K。换句话说：

A♣ < 2♣ ··· < A♦ < 2♦ ··· < A♥ < 2♥ ··· < A♠ < 2♠ ··· < K♠.

在上述示例中，我们有三张牌可以排列，7♣、3♦、8♠（一张红桃牌在观众那里，而我们将另一张红桃牌放在其余四张牌的最上面）。这些牌正好有 6 种不同的排序方式

7♣	3♦	8♠
7♣	8♠	3♦
3♦	7♣	8♠
3♦	8♠	8♠
8♠	7♣	3♦
8♠	3♦	7♣

如果我们把最下面的牌想象成 L（在这里就是 7♣），中间的牌是 M（这里是 3♦），最上面的牌是 H（8♠），这样排序就变成了

1 —	L	M	H
2 —	L	H	M
3 —	M	L	H
4 —	M	H	L
5 —	H	L	M
6 —	H	M	L

哈罗德可以用次序告诉迪尔德丽 6 个可能数字中的一个。迪尔德丽可以拿走第一张或者最下面的牌（是用来告知花色的那张），然后将上述序列号与纸牌牌面相加。这样她可以标示出 6 张不同纸牌中的一张。在我们所说的这个示例中，哈罗德留下的纸牌是

2♥ 3♦ 8♠ 7♣

从 2♥ 这张牌迪尔德丽首先知道不见的那张牌是红桃。接下来她会观察剩下的三张牌。他们的顺序是 M、L、H。这种排列的序号是 3，因此，迪尔德丽将 3 与 2 相加后宣布是"红桃 5。"

假设迪尔德丽看到的牌是：

10♦　Q♠　5♣　7♠

迪尔德丽知道不见的牌是方片。最后三张牌的排序是 H、L、M，排序号为 5。这样迪尔德丽应将 5 与 10 相加，得到 15。这不属于纸牌的牌面，但是如果你将纸牌想象成一个圆圈，

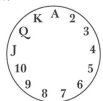

而 5 和 10 相加意味着从纸牌圆圈中 10 所在的位置开始顺时针走过 5 张牌会到达 2 的位置。

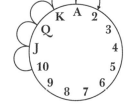

迪尔德丽就会宣布不见的那张牌是"方片 2"。

然而，这有一个问题。哈罗德可以用 1、2、3、4、5 或者 6 与第一张牌相加传递信息，但是实际上第五张牌有 12 种可能性。例如，我们假设哈罗德抽出的牌为：

8♣　4♥　3♦　7♠　J♥

有相同花色的两张牌是红桃 4 和红桃 J。如果哈罗德递给观众的是 J♥，那他就无法向迪尔德丽传递 J♥这一信号，因为纸牌圆圈中从 4 到 J 是 7（比 6 大）。

解决方案是哈罗德不会将 J 给观众，而是将 4 给观众，因为你只要加 6 就可以在圆圈上从 J 到达 4。

因此，哈罗德留下的是

J ♥ 7 ♠ 3 ♦ 8 ♣

因为 7 ♠ 3 ♦ 8 ♣是 H、M、L，第 6 个排序，而纸牌圆圈上 J+6=4。

你看出这有多高雅了吗? 由于 5 张牌中会有 2 张是相同花色，再多一种花色这个魔术就无法成功。

这两张牌中，其中一张在纸牌圆圈中先于另一张 6 个或小于 6 个牌位。花色中再多一张牌这个魔术也无法成功!

高雅与魔术之间的距离很短。高雅的数学使高雅的魔术效果成真，这是最值得欣赏的。

弗莱德的烤芝士三明治

本章开篇引用的话摘自哈赞的西蓝花汤食谱。她还写道:

变白的西蓝花用橄榄油与大蒜一起清炒。菜茎被放在一边，但茎秆与它们的油融成浓浆，再加入肉汤和鸡蛋麦粒。西蓝花变白产生的水将浓汤稀释。意大利面煮熟时，下入菜茎，这道汤就好了。菜茎的柔和，意大利面的韧性，因为油而芳香可口的优质肉汤以及微有蒜味的浓汤茎秆都敏捷地各入其位。是否还有比"高雅"更好的词来形容呢，我是想不出的。

另外一个我称其为高雅的食谱是我儿子的烤芝士三明治。在我对他的方法进行解说前，请允许我列出他这个三明治的绝妙特点:

• 一个优质的烤芝士三明治应该是脆脆的。这个三明治就是脆脆的。

· 但是用油烤三明治会使它太油腻。这个三明治不油腻。

· 有时脆脆的烤芝士三明治会在你食用的时候划破你的牙龈。吃这个三明治不会发生这样的事，因为它很柔软。

柔软? 你刚刚还说这个三明治脆脆的!

· 它是脆脆的，也很柔软。真是令人惊叹。

· 烤过的面包比较美味，奶酪也是这样。但是标准的烤芝士三明治里的奶酪是没有烤过的，而这个三明治中的奶酪是烤过的。

好了，这就是魔法所在:

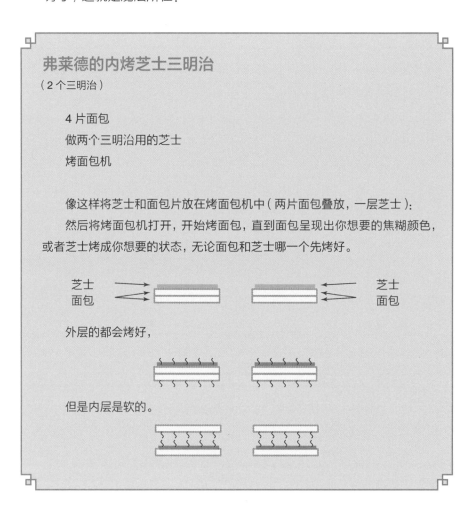

弗莱德的内烤芝士三明治
（2 个三明治）

　4 片面包
　做两个三明治用的芝士
　烤面包机

　像这样将芝士和面包片放在烤面包机中（两片面包叠放，一层芝士）:
　然后将烤面包机打开，开始烤面包，直到面包呈现出你想要的焦糊颜色，或者芝士烤成你想要的状态，无论面包和芝士哪一个先烤好。

芝士
面包

芝士
面包

外层的都会烤好，

但是内层是软的。

然后只是简单地调换一下上下层面包的位置，芝士三明治就做好了。[1]

　　数学家们认为高雅是数学特有的一种美，其实这种美是具有普遍性的。一道菜以数学的感官看也可以是高雅的。

　　但是关于美我们到此为止。现在该说说有用性了。

---

[1] 你也可以用烘烤机做这些三明治，放好 4 片面包，每两片上放上芝士，一起放在烤板上进行烘烤。

第十五章

为大众而生的食物

烹饪有其实用的一面。烹饪最初目的是维持生计，提供健康的、维系生命的膳食。

数学有其实用的一面，数学（算术和几何）最初的目的是解决社会、农业和宗教中的重大问题。

很明显，数学和美食学在其对世界的物质重要性上是相似的。如此显而易见的事实，我不会再提及了。

这本书专注于弄清数学和美食学的非物质方面 ——

· 它们有什么吸引人之处。

· 我们如何对它们进行判断。

· 我们该如何从事数学和美食学实践和研究。

· 我们的创意、想法从何而来。

以及许多其他问题 —— 也都非常相似。

有用性已经足矣! 下一章!

第十六章

为大众而生的美食

　　然而我还是要承认，即使我们的关注点在于是否愉快，我们仍然无法忽略烹饪和数学的实用性，有用性本身具有吸引力，这几乎和简单性、复杂性或者高雅一样[1]。一个人在数学的抽象世界里进行的工作对现实世界也是有意义的，这是一件非常快乐的事情，尤其是当它对人类幸福安乐做出贡献的时候。当一个厨房中的发现对其他人很重要，这么说吧，这个发现通过创造出美味又健康的食物而改善了健康，或者通过对产品更高效的发明利用而减轻了饥饿感，这也是令人高兴的。

　　一个人在诱惑之下会说所有的烹饪都是有用的，但是似乎数学很难诱惑成功。不过，我要引用我的同事吉米·卡拉汉的话：

　　　　有两种数学：应用数学和还没有被应用的数学。

　　有些数学定理的例证已经有数百年，甚至数千年历史了，但只在最近才开始有所应用。即使不是大部分，许多数学定理的实际应用都很难想象得到，但是我们不能将这样的应用排除在外。

　　但是，这些足矣，该说说玩儿了！

---

[1]或者，和饭菜准备好啦、嬉闹和不可思议一样。

第十七章

只为开心

准备食物是富有乐趣的。数学之美也是这样的。

好玩的数学家

读者们可能会觉得这本书里的数学很好玩：智力谜题、游戏、涂鸦和纸牌魔术。这可能反映出我的一个偏好。就像任何审美，可以与一部分同好者分享，但不是所有人都认同。

数学的好玩之处有一个生动可爱的例证 —— 一个由班克罗夫特·布朗发现、证明的定理[1]。

定理：每个月的 13 号是星期五的频率高于其他几天。

一个奇怪的陈述！你会想一周有七天，13 号那天可以是一周中的任何一天！

这个陈述也很好玩。这和多面体、第四个维度、广义相对论或者无穷级数无关。这个陈述的无意义性也是其魅力的一部分。

这个陈述也是有用的，假如你碰巧是个迷信的人。

最后，对它的证明也是可爱的，可爱得有点疯狂。证明如下：

证明：一年的天数遵循以下规则，但有所不同：

---

[1] 我是在达特茅斯举办的一次讲座上听布朗讲的，当时他作为名誉教授发言。布朗在几何学并不流行的时候就已经是一名几何学家了。他想告诉我们为什么自己会选择这个领域而放弃其他。当时的讲座主题从本质上来说是"我们玩得很开心"。这里要说的定理不是几何定理，但是它很有趣。顺便说一下，几何学现在又流行起来了。

1. 一年有 365 天, 除了 ——

2. 每 4 年会有一年有 366 天 (闰年), 除了 ——

3. 每个第 100 年有 365 天, 除了 ——

4. 每个第 400 年有 366 天。

【例如: 1885 年、1886 年、1887 年, 每一年都有 365 天 (规则 1), 但是 1888 年、1892 年和 1896 年是闰年 (规则 2), 但 1900 年不是闰年 (规则 3); 而 2000 年是一个闰年 (规则 4)】。

我们从这些历法规则中可以看到任何一个 400 年周期中, 天数都有一个定数。我们能用以下 4 条规则计算 400 年内的天数:

1. 365 天乘以 400 年等于 146,000 天。

2. 146,000 天加上 100 个闰年日等于 146,100 天

3. 146,100 减去 4 个闰年日等于 146,096 天。

4. 146,096 天加上 1 个闰年日等于 146,097 天。

令人惊奇的是, 这个数字能被 7 整除:

$$146,097 = 7 \times 20,871$$

意思是, 举例来说, 既然 2003 年 4 月 3 日那天是星期四, 那么 1603 年 4 月 3 日也是星期四, 而 2403 年 4 月 3 日也会是星期四。这也就是说从 1600 年到 1999 年, 星期一那天是 13 号的次数与 2000 年到 2399 年这段时间内星期一那天是 13 号的次数是一样的, 同样和 2400 年到 2799 年这段时间内星期一那天是 13 号的次数也是一样的, 以此类推。

因此, 要证明 13 号那天是星期五的频率高于其他任何一天, 我们要做的仅仅是证明从 1600 年到 1999 年这段期间 (或者其他任何一个 400 年周期) 确实是这样。

这是这个证明的可爱之处。这个证明的疯狂之处在于布朗居然用了数小时 (数天) 计算 1600 年到 1999 年间 13 号是星期一、13 号是星期二、13 号是星期三 …… 的天数。那时计算机还没被用于此类工作。等他计算完成, 他发现在其指定的 400 年间, 13 号那天是星期五的频率要比其他任何一天都高。因此, 在任意 400 年间, 13 号那天是星期五的频率高于其他任意一天!

好玩的厨师

食物能带来快乐当然很好。你吃过嘴里含着自己尾巴的鱼吗？你吃过里面藏有奖品的蛋糕吗？幸运福饼吃过吗？

几年前，我想烤一种我自己的 Hostess 牌奶油纸杯蛋糕。我成功了，这过程很好玩。据我所知其他人也这么做过。所以，我就不提供制作方法了，说一些（我认为）别人没有想到的吧。

多年来，我一直认为芒果和腰果是很好、很搭的一对儿。我用腰果做的面包皮做出了芒果蛋挞，味道不错。但是我一会要向你展示的这个甜品要更好。做这个甜品的想法是我在考虑舀一勺芒果需要多少才会让它看起来像一个蛋黄时出现的。这使我想到一种很像，但不是班尼迪克蛋的甜品。

这道餐点包含一种坚果调和蛋白（看上去就像英式松饼一样）、一种意式奶油布丁（看起来像蛋白）、芒果（看上去像蛋黄）、奶油酱（就像荷兰辣酱油），最上边点缀了一些罂粟籽（看起来像胡椒粉）。

班尼迪克蛋升级品

意式奶油布丁的做法

　　1 包无味吉利丁粉

　　3 汤匙冷水

　　1¼ 杯多脂奶油

　　1¼ 杯牛奶

　　⅛ 杯糖

　　1 个香草豆荚或者 ½ 茶匙香草精

　　6 个 4~6 盎司的奶油杯，轻涂一层油。

　　将吉利丁粉洒在水上，静置 5 分钟。

　　在炖锅中放入奶油、牛奶和糖。如果用的是香草豆荚，需将其纵向劈开，拿出香草豆放到炖锅中。所有食材煮至沸腾，然后关火。

如果有香草豆荚，就去皮使用，如果没有，就加入香草精。

加入吉利丁粉，搅拌至溶解。稍微冷却后，在其变浓稠时开始搅拌。将混合物倒入奶油杯。用保鲜薄膜将意式奶油布丁密封住，塑料要盖在奶油冻的表面上，不使其透气。

饼干的做法

3 个蛋白

⅜ 杯糖

½ 杯 +1 汤匙未经加工的无盐腰果，用咖啡研磨机磨细。

1 个大金枪鱼罐头盒，清洗干净，去掉盖和底。

用涂了黄油的锡箔纸将烤盘覆盖。蛋白打发起泡。打发过程中每次放入 1~2 茶匙糖。拌入腰果粉。用金枪鱼罐头盒塑形，每次一个，一共可以在涂了黄油的锡箔纸上做出 6 个饼干。

烤箱以 120 摄氏度将饼干烤至金黄。这大概需要 1 个多小时，也许不到一个小时。每 10 分钟左右查看一次。

让饼干冷却，然后轻轻地剥掉锡箔纸。

奶油酱的做法

3 个蛋黄

½ 杯糖

¾ 杯热牛奶

½ 茶匙玉米淀粉

½ 茶匙香草

加糖打发蛋黄，打入玉米淀粉，打发过程中慢慢加入热牛奶，拌入香草，隔热水加热，打浆，直至变厚（浓稠）。

组合成品：

3 个阿道夫芒果（也叫香槟芒果）

罂粟籽

> 将饼干放在盘中。用刀沿边缘使奶油杯中意式奶油布丁松动,小心地将奶油杯倒扣,用刀将奶油布丁移出。要将这些布丁放在饼干上。每个芒果切两下,一刀切在扁平的果核上方,另一刀切至果核的下方,这样,一共会有6瓣无核芒果,从每一瓣中用勺舀出圆形芒果肉,放在奶油布丁上,平的那一面朝下。淋上一勺奶油酱,撒上少许罂粟籽。

这道甜点很受人喜爱,不难看出它与班尼迪克蛋的相似之处。有一次我在家宴客。在拿出这个甜品之前,我告诉我的客人们,这不是班尼迪克蛋。当盘子摆在他们面前时,他们原本飞扬的笑脸垮了下来,因为我已经告诉他们不是班尼迪克蛋,但是班尼迪克蛋是什么样子已经印在他们的脑海中。他们刚刚吃完一顿大餐,不想再吃一个班尼迪克蛋了。太糟糕了,这个甜品热量好大,就像类固醇上还有班尼迪克蛋。

当然,他们终究还是非常喜欢这道甜品,不管外观怎么样,它是很清淡爽口的。

能体会到这其中的乐趣是很好的,这是我想在此表达的。大部分人都能明白。

第十八章

只是要怪

我们已经讨论了烹饪和数学的几种美：

高雅

简单性

复杂性

有用性

娱乐性

（至少）还有一个：怪异

怪厨子

说到吃，人们想到过很多东西，有一些被烹煮、摆上餐桌再被吃掉。我说的不是遥远国度里那些奇怪的（但是传统的）饮食文化。我指的是被发明创造出来的菜肴，经过设计能够令人惊叹和高兴的菜肴。

巧克力脆皮培根、烟草大黄、大蒜冰激凌、香草鸡肉还有抹着咖啡的芝士汉堡。

有一个食谱需要在金枪鱼罐头盒里烧卫生纸（进行烟熏）[1]。

这些食谱经验证确实深受喜爱，也就是说用这些食谱做出的食物是美味可口的。但是除此之外，它们还会让人体会到不同寻常、不可思议。

我也有一些不同寻常的食谱。你已经听我说过红比萨和白比萨了，我想香蒜沙司比萨是绿比萨，但是现在有一个……

---

[1]我有这个食谱，确实很好。详见：http://brokeassgourmet.com/articles/smoked-tunasalad.

蓝比萨

前文说过的面包食谱中的生面团⅙份（一条面包的⅓）（见第15页，或者第96页）

⅓杯蓝莓

70克带蓝纹奶酪

2汤匙糖

如果可以，最好用那种小的，低矮灌木生品种的野生蓝莓，这种蓝莓果汁较少（果汁会浸透比萨）。奶酪应该是淡味儿的，但一定要蓝纹的。

将蓝莓分布放在比萨饼皮上。将奶酪弄碎也分布在饼皮上。撒上糖。以230摄氏度的温度烤15~20分钟。

如果不是最终被评定为古怪异常，我也曾发明出一种不同寻常的绿色菜肴。它的突出特点就是有很多种绿色味道。

一种绿色开胃小吃

⅓杯新鲜薄荷，散装

或者½杯新鲜罗勒，散装

或者散装的罗勒和薄荷（这个食谱的主题就是叶绿素）

1茶匙（绿色）查特酒

半个青柠的果汁

1茶匙特调水果味橄榄油

¼茶匙海盐

2茶匙粉色胡椒子（我知道这不是绿色的，但是用在这里不错）

2个牛油果，略生的。

将上述草本植物切碎，加盐和粉红胡椒子捣烂。加入液体食材。

在上桌前，将牛油果切成块，加入混合物。

吃时用小盘子或者杯子盛装。

发明了绿色和蓝色菜肴，我想继续拓展出红色、黄色和棕色菜肴（但还是要与众不同）。我现在还不知道怎么做。

奇怪的数学

我们喜欢那种所有组成部分都漂亮地组合在一起的数学。"高雅"是对一个定理或者证明的高级赞美（见第十五章）。

但是数学家也喜欢惊喜以及那些完全不同于预期的结果。对数学研究来说，"奇特"通常用来表达高兴和赞赏的心情。

数学中充满着奇特的例子。对古人来说，无理数就是著名的奇特发现。

还有一个奇特的例子是 18 世纪发现的：我们认为是一维的（它有长度，但是没有厚度）曲线，可以成二维扭动、起波，填满一个正方形。当然，随着时间的推移，最初奇怪的问题有一些已经被我们进一步理解、认识。我们无论何时碰到奇怪的事物，都知道我们将要学到的东西是重要的。

这是我最近碰到的一个奇特的事。你回想一下我们如何为一个在矩形中弹跳的点绘制行动路径，我们看到路径的长度同时也是矩形宽度和长度的倍数（第八章）。

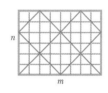

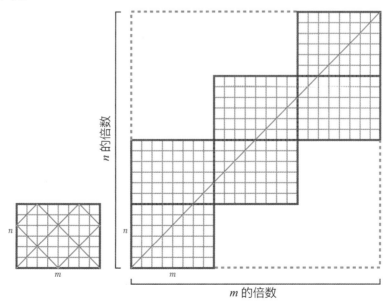

这就意味着如果我们试着将矩形的边长设定成非常数倍数，即 $n=6$，$m=\sqrt{70}$，则这个点的跳跃路径

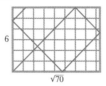

会永远持续下去。

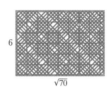

顺便说一下，这和我们所说的曲线填充正方形的意思不同。矩形中的这条路径会永远走下去，但是会错过很多点。填充方形的曲线不会错过任何点，也不会穿过其自身。这很奇特。

后来，我们观察了一些盒子，我们跟随一个环绕盒子走来走去的点，记录它的路径。

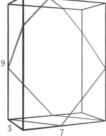

如果一条或一条以上路径的尺度为无理数，则这条路会一直走下去似乎是合理的。因此，如果我们将盒子边长设定成可想象的最疯狂的值

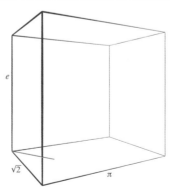

（ $\sqrt{2}$ =1.4142136…， π =3.1415923， e =2.718281… ），那么我们预计这条路会永无止境。但是其实不是，它实际上又回到了起点！

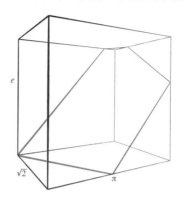

而我们可以从中学到些什么呢？

我们画出矩形的映像可以让我们更好地认识矩形，并且可以在这些映像中跟踪路径。我们做的事情几乎和在盒子里做的一样。

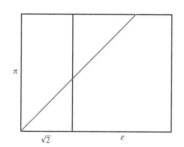

我们做的是（稍稍）将其展开。

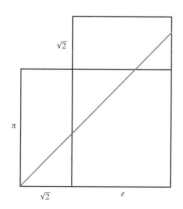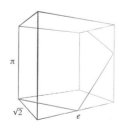

这是底，而一侧向下折：

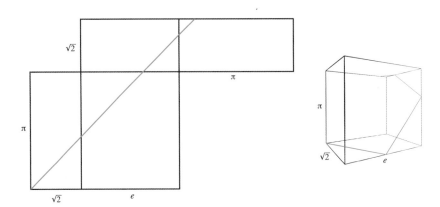

现在我们加上另一面：

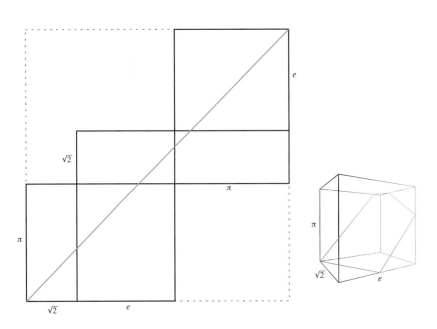

然后是顶：

接下来最后一面：

这样就都讲得通了，因为正方形内的图形的边等于 $\sqrt{2} + e + \pi$

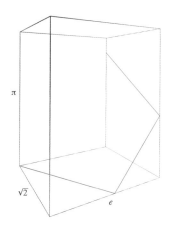

顺便说一下，如果你将盒子旋转，这样会从不同的一面开始，而行动路径会永无止境。

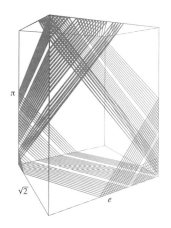

但这路径又不是无处不在，它只占据盒子的一部分，一直存在下去。

奇特！

匪夷所思又很酷。

第十九章

明星主厨

有没有明星数学家？极少。最热门的可能是维·哈特[1]。但是还有周末档达尼卡·麦凯拉和"数学人"基思·德夫林[2]。

烹饪节目丰富多彩，但是几乎找不到什么与数学有关的节目。数学家不会经常面对镜头，你在脱口秀上看不到他们，他们几乎没有影响力。

即便如此，20世纪烹饪和数学领域各有一位人物大致具有可比性。他们是，并且都是扭转局面性的人物。

茱莉娅

茱莉娅·查尔德（1912~2004）对我们的烹饪和进食方式有主要影响。她开启了一次革命。

首先，让我为1960年美国美食界当时的状况做一个极简的描绘。美国人当时的食物种类和口味很少，用餐者和厨师毫无冒险精神。不同种族人开的餐馆做出的特色菜肴惹人怀疑，国人的味觉也有排外性。家庭中的厨师也只会忙着准备标准饭菜，多少有点忙乱。烹饪是家庭杂务，而现代设备只起到减少杂务的作用。

"法国"烹饪书提供简化过的食谱。食材被取代，所以每一种材料都能在附近的小店中买到。做菜的步骤也被简化了，这样就可以在一个小时之内做好一餐饭，结果导致只有少数人体会得到法式菜肴的乐趣。

---

[1] www.youtube.com/user/Vihart. 顺便说一下，维·哈特已经开始创作数学美食。她的"屈曲墨西哥"很精彩。

[2] http://www.danicamckellar.com/；http://www.stanford.edu/kdevlin/.

茱莉娅和西蒙尼·贝克、路易赛特·柏特乐合著的第一本书《精通法餐烹饪艺术》增强了美国人的食欲和野心[3]。这本书行文清晰流畅，初学者按照指导，确实可以做出经典法式菜肴。美国人被引领进入一个新的世界，这个世界中有他们从未想象过的精妙味道。而最重要的是，他们知道自己可以通过仔细研究、准备，做出这些菜肴。

法国红酒烩鸡是美国人在 1960 年代就熟悉的少数几道法式菜肴之一，让我们以这道菜为例继续聊聊。《欢乐烹饪》中介绍的食谱比较典型。所用食材多半都一样，但是对食材的选择却不那么在意。任何种类的洋葱都可以。这个菜谱告诉你，你用红酒或者雪莉酒都行。白兰地可用可不用，而所有食材可以放在一个锅里一起烹煮。准备材料的时间大概是一个半小时。《法兰西风味》中王室贵族版的菜谱也同样随意。《艾米·范德比尔特烹饪大全》中介绍的菜谱用的是蘑菇罐头，并且将烹饪时间减少到一个小时。

相反，如果将准备洋葱高汤的时间计算在内，茱莉娅的食谱要花上一整天。只培根这一项就需要经历四个步骤，即切成长方形、文火水煮、冲洗沥干，然后用黄油清炒，这些都是在将其放入鸡肉之前要做好的。小小的彩色洋葱在黄油中变成褐色，之后放在加了草药的高汤中仔细煮熟。只作为餐盘中配菜的蘑菇需要分别用黄油和菜油炒成棕色。真的有很多道工序要做，但是结果无比美好。

茱莉娅的电视节目促进了一场变革。在唤醒了美国人的味蕾和食欲后，她现在说服了大量美国人挑战经典法式菜肴，她告诉大家：

- 任何人（包括你）都能做到。
- 你可以出错，甚至出大错。
- 食物真的可以做得很好。
- 烹饪会带来很多乐趣。

茱莉娅领导了一次革命。讽刺的是，现如今坚持自己烹饪的那一小部分人远比 1960 年代的人数少。很多美国人的食物通常来自餐厅和外卖。超市

---

[3] 卷 1（Knopf 出版社 1961 年出版）。

里有大量做好的冷餐热食供人们选择。

可是，我猜我们这群人中有更多的人如今是出于快乐而自己烹饪（与做饭只为填饱肚子相反）。这在某种程度上是因为茱莉娅的馈赠：

学习烹饪 —— 尝试新的食谱，从自己犯的错误中学习，放手去做，最重要的是要体会乐趣！

马丁

马丁·加德纳（1914~2010）对我们如何看待数学，我们的数学是做什么的，甚至谁在做数学产生了主要影响。他促进了一次宁静的变革。

首先让我对1960年代的数学实践及其公众形象进行极简单的描绘。对普通美国人来说，数学那时只是高中和大学里教的东西。它是一种知识体系，有用而没有魅力，古老而一成不变。数学家们自己看到的是一个更令人激动兴奋的领域，但是他们研究的大部分内容来自少数几个经过充分定义的区域：代数学、分析、拓扑学、数论和几何学。从事数学研究的人是专业数学家，（通常）是有博士学位的男性。

从1956年到1986年，加德纳在《科学美国人》杂志上撰写专栏，缓慢但是巧妙地改变了那时的数学现状。他写的是新数学。那些文章的主题并不符合标准的分类范畴。他写了游戏、智力题、魔术和涂鸦。他刊登出了无人能解的难题，读者们给他回信，而他会报道出他们遇到的困难和取得的成功。

随着读者人数的增加，数学在专业圈内外所占的比率也开始产生变化。因为他报道了幻方的进展、平面密铺理论、密码和纽结理论，这些领域取得了新的社会地位。当他讨论取物游戏、魔术、哲学和逻辑悖论、折纸和剪纸时，经过深思熟虑的相关知识会变得有分量、有意义。

然而，加德纳最重要的影响是他的文章传递出革命性的理念，那就是数学研究是一个社群事件。他邀请他的读者们去研究未解难题，而他们会有所回应。他是众所关注的数学难题清除库，无论难题大小，业余爱好者也会参与进来。他的专栏让读者们目睹一个有令人绞尽脑汁的难题，思想和创意自由交换，兴奋地公布解题答案的精彩世界。若你想要进入那个世界，你也能进入那个世界。

马丁·加德纳还做了许多。他写了超过 100 本关于数学、哲学、宗教信仰和科学的书。他对文学著作进行评注，他也写短篇故事和小说。在其关于数学的写作历程里，他要告诉我们的是：

- 任何人（包括你）都能做到。
- 有很多很酷的数学。
- 很酷的数学是不错的数学。
- 数学研究是认真的游戏。

对他的数学迷们来说，他只是马丁。在他离世后的数年里，为纪念他而两年召开一次的大会"为加德纳而聚"为他的很多兴趣 —— 魔术、智力游戏、数学、哲学和科学谬论举行庆祝活动。

马丁领导了一次变革。但讽刺的是，人们普遍认为如今准备进入数学领域的美国人比 40 年前还少。高中毕业生依赖于计算器，如今在美国获得数学博士学位的人一半以上是外国学者。

不过，人们现在对数学的兴趣和热忱逐渐增多，越来越多的人参与进来。分形学、混沌和无线电译码也成为热门搜索词汇。数百万人收看了《数字追凶》，也有数百万人在解答数独谜题。尽管 40 年前几乎无人写关于数学的文章，但是现如今数学图书拥有一个强大的市场。这也是马丁留给我们的礼物[4]。

马丁让成千上万的孩子成为数学家，又让成千上万的数学家变成孩子[5]。

[4]我不是唯一一个注意到马丁和茱莉娅之间对应性的人。克鲁姆·马尔卡希曾经撰文并说过此事。例如，《赫芬顿邮报》2012 年 10 月 10 日刊登的文章《用于思考的事物：茱莉娅·查尔德开胃菜处理的数学性和合理性思维》。
[5]佩尔西·戴康尼斯是数学家、魔术师。

第二十章

经济节约

数学和美食学在经济节约方面都有一点值得欣赏，那就是以最省力的方式完成要做的事情。

厨房中的经济节约

我略经查究就发现：

有 6 本烹饪书专门介绍使用 6 种以下食材的食谱。

有 3 本烹饪书专门介绍使用 5 种以下食材的食谱。

有 4 本烹饪书专门介绍使用 4 种以下食材的食谱。

有 14 本烹饪书专门介绍使用 3 种以下食材的食谱。

有 1 本烹饪书介绍了只使用 2 种食材的食谱。

这类书主要吸引人之处在于承诺提供快速、容易准备的制作方法。然而除了方便，还有经济节约这一点值得欣赏。一道菜一目了然，整洁利落，只有几个主要成分诚实地摆在盘子里。

我看过的烹饪书大部分提供简单、快速的食物制作方法，但罗珊·戈尔德的烹饪书却不同。她证明很多菜肴是通过减少食材数量提升口感味道的。她在自己的《菜谱 1-2-3：仅用 3 种食材做出难以置信的美食》中写道：

如今，当我们面对餐桌上那些由主厨做出的过度考究的菜肴时，因信任主厨手艺而期待品尝到的、富有层次的味道通常是体会不到的，相反，倒是有令人分辨不清的味道掩盖了食材基本的风味[1]。

---

[1] 企鹅图书公司 1996 年出版，第一页。

戈尔德的菜谱未必简单。在她做的那些令人印象深刻的菜肴里，味道的细微差别和复杂性是从经历时间和艺术加工的简单材料中提取出来的。

在她的"烤箱热煨芦笋，炸酸豆"菜谱中有一个可爱的例子。以 260℃ 的高温热煨中等大小的芦笋叶片，持续 8 分钟，淋上橄榄油，撒上盐，然后和经过橄榄油油炸的大酸豆一起装盘上桌。对芦笋和酸豆不同寻常的烹饪过程强化了两者的味道。

盐、胡椒和水不算食材。这样似乎很公平，尤其是对盐和水来说。但是，胡椒给菜肴加入了自己的味道。说到这一点，到底什么是"食材"？戈尔德在此提出了一些相当复杂的混合物：蛋黄酱、香蒜沙司、中国五香粉、小牛肉香肠、奶酪芝麻菜饺子、清鸡汤，等等。

说到成分的简单性（只有 4 种），我对菲律宾一种叫"非凡"的甜点倾慕已久。它是西班牙和菲律宾饮食风味相结合的产物，是一种亚洲蛋白酥皮奶油蛋糕。这是一种无比美味的甜点，应该有更多的人知道。

非凡

千层糕的制作
　　8 个蛋白
　　1 杯糖，加上
　　1½ 杯细磨腰果（用咖啡研磨机）
　　铝箔纸
　　用于涂抹分层的黄油

用涂了黄油的铝箔纸将三个烤盘覆盖住。打发蛋白直至其变成最柔软的状态。打发蛋白的时候放入 1~2 茶匙糖。加入细磨过的腰果，将混合物一层一层铺在三个涂了黄油的铝箔纸上。每一层都铺在另一层的上面，这样它们的大小和形状会比较接近。我只铺了几层，测出每个的大小为 13 英寸 × 9 英寸。每一层的厚度应该是均匀的，这样都可以均匀受热（并且每一个部分都应该是脆脆的）。

以 120 摄氏度的温度烘烤，直至全部变成金黄色。这可能会用掉一个半小时。烤好后冷却，然后将铝箔纸轻轻地从干层糕上剥离[2]。

　　如果干层糕破了也没什么。将最好的那层放在上面就可以了。

奶油乳酪的制作方法：
　　8 个蛋黄
　　⅔杯糖
　　2 条无盐黄油
　　1 个双层锅
　　一个搅拌器

　　鸡蛋取蛋黄。

　　将糖放入双层锅上面那一层里，加入 3 汤匙水。将水和糖加热至 115 摄氏度（直接高温加热就可以做到）。让其冷却 1~2 分钟。然后在大力打发蛋黄的过程中将糖浆以小细流的状态倒入蛋黄中。将双层锅架好，底层锅中放入 ½ 英寸深的水。在上层锅中对糖和蛋黄的混合物进行加热，用木勺搅拌，直至混合物变厚（浓稠）。通常当木勺划过混合物的表面形成一条"缓慢溶解的缎带"时，就可以停止了。这是个精细活儿。如果蛋黄加热过久，它们会变硬，这非常糟糕。我通常会在看到一条快速溶解的缎带后就关火。

　　用冷水对混合物进行隔水冷却，偶尔搅拌一下，直到它变得微温。把它放到搅拌器的碗里，放入一大汤匙冷黄油一起打。

　　最后将黄油乳酪涂在三个干层糕上，再把它们堆叠起来。少留一点黄油乳酪涂在最上面一层上，侧面不用涂（即使涂也很难覆盖在糕体上）。

　　将非凡放入冰箱冷藏。

　　吃时切成小块 —— 它的热量很高[3]。

　　做好的当天最好吃完。随着时间的推移，干层糕会失去脆脆的口感。干、脆加上油脂和奶油是这个蛋糕的美妙所在。

　　有些制作方法里会在奶油乳酪中用到玉米糖浆。有些奶油乳酪会用朗姆酒。我想，朗姆酒只会干扰其余食材纯粹的风味。

---

[2]注意：当干层糕还是热的时候，是不可能把铝箔纸剥下来的。
[3]但是可以多留一份，给你自己一份。

我对戈尔德的创新力和各种烹饪技巧很是钦佩 —— 烤甜菜、烧柑橘，还有烟熏月桂叶。我也会看到她在讨论自己制作葡萄干时的疯狂劲有时会超过我。

谜题

《菜谱1-2-3：仅用3种食材做出难以置信的美食》中有三个菜谱按照老标准衡量确实只用了3种食材。我会列出标准菜谱的食材清单，邀请你来猜一猜戈尔德菜谱中用的是哪三种食材。盐、水和胡椒不算食材，切记。

1. 罗宋汤，哈罗德·艾森伯格夫人的烹饪书《美国家庭烹饪俄式菜肴》中的一个菜谱，盖纳·马杜克斯编辑，1942年出版：

肉汤、蔬菜汤、甜菜、醋、黄油、面粉、番茄和酸奶油。

2. 蛋奶面包，来自1971年出版的，厄玛·龙鲍尔和马里恩·龙鲍尔·贝克尔的《欢乐烹饪》：

玉米粉、面粉、糖、发酵粉、鸡蛋、牛奶和黄油。

3. 烩小牛肘，来自1973年出版的马赛拉·哈赞的《经典意大利菜》：

洋葱、胡萝卜、芹菜、黄油、大蒜、柠檬、油、小牛肉、面粉、白酒、肉羹、番茄、百里香、月桂叶和荷兰芹。

答案会在本章结尾处给出。

数学上的经济节约

经济节约是数学优点的精髓所在。这是数学与诗歌共有的一种美。最伟大的数学成就来自适度的假想、简明扼要的陈述，直至意义深远的结论。

公元前4世纪，欧几里得证明当时所有数学知识都只遵循五大公设，这当然够简短。但是正如我之前提到的，数学家们用了两千年尝试将五大公设减少到四个。

数学逻辑中的一个分支 —— 被称为"逆数学" —— 将经济节约这一研究的推动力具体化了。它试图发现某一个定理都明确需要什么公理、基本条件或者假设去证明。在数学游戏领域中可以清楚地看到这种美。游戏的假设就是规则。一个漂亮的游戏有简单的规则，但玩法攻略很复杂。

仔细想一下国际象棋和围棋，人们对它们做了非常多的分析和研究，且历史悠久。两者在感官描述上都"很好"—— 它们的规则都很简单，但随着规则而生的影响又很悠长。但是这两个游戏中围棋显然"更好"。围棋的规则比国际象棋更简单，也更易于描述。围棋的所有部件都是完全相同的。围棋的极致复杂性是通过更谦卑的材料实现的。

同样经济节约的游戏还有哲球棋，或者哲学家的足球[4]。

这是由数学家约翰·康威发明的。游戏是在 19 × 15 的网格上进行的。游戏的规则简单、优美，但玩法却非常复杂。

游戏玩家面对面坐在棋盘两边。游戏从棋盘中央的一个黑色石子开始。这就是"足球"。

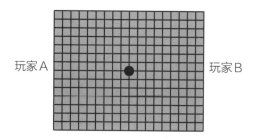

游戏其他所有部件是白色的，由玩家放在棋盘上。

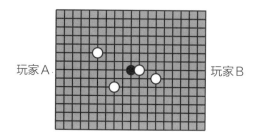

一轮游戏既包括

• 将白色石子放在未被占领的交叉点上，还有

· 用足球跳过白色石子。

当足球跳到或者越过玩家之一的目标线（远离该玩家的棋盘边缘）时获胜。

你可以从八个方向任选一方向跳过一排白色石子，例如：

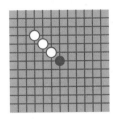 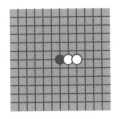 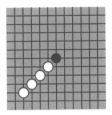

被跳过的那些石子立即被移走。

每轮可以多次跳跃。

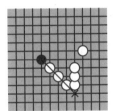 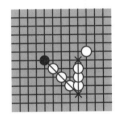 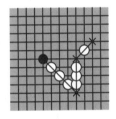

但是没有哪个石子可以被跳过两次 —— 但是，例如这种移动就不算违规：

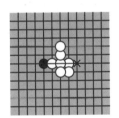 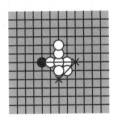 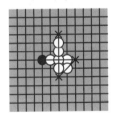

只要轮到你的那次移动还没有结束，即使在移动过程中碰到了自己的目标线，游戏仍可以继续。

游戏就是这样：增加石子或者跳过哲球棋。

哲球棋玩起来很有意思，但是分析起来难上加难。最近，哲球棋已被认证为比国际象棋或者围棋更加复杂的游戏[5]。你也来玩玩吧！

---

[5] 见艾瑞克·D. 德迈纳、马丁·L. 德迈纳和大卫·艾普斯泰因在《不可能的游戏》中的文章《哲球棋残局很难》，编辑理查德·J. 诺瓦可夫斯基（剑桥大学出版社 2002 年出版）

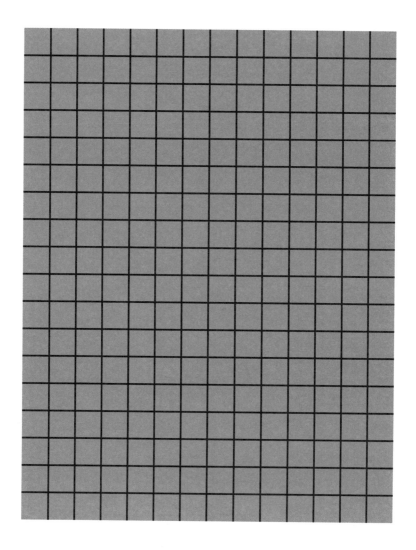

就其意义而言，这一章所说的"经济节约"确实不是一种美，而是一种美德。

下一章我们会继续关注一种美德（与之前所关注的罪恶相对应）。

谜题的答案：

1. 罗宋汤：甜菜、南瓜属植物、酸奶酪

2. 蛋奶面包：玉米粉、鸡蛋和酪乳

3. 烩小牛肘：小牛肉、番茄和橄榄

第二十一章

伦理道德

有些人出于健康原因而成为素食主义者。我们已经解决了健康问题（第十五章）。

有些人成为素食者是因为他们不喜欢肉的味道。我们已经较为全面地解决味道问题了（第三、四、十七章等）。

有些人成为素食者是出于对地球肉食文化所产生的后果的担忧。我们已经解决了环境问题（第十一章）。

而大多数人成为素食者是因为他们觉得肉类消费从道义上讲是错误的。数学领域也有类似的情况吗？数学中有关于伦理道德的问题吗？

数学中的伦理道德

在漫长的岁月里，数学领域中有很多人的哲学立场具有明显的道德界定。一些人就什么才应被认定为"数"而争论不休，而另一些人则在争辩什么才是"证明"。

如今，拥有发展最完善的道德体系的数学家是构造论者。构造论者在他们的研究工作中，避免使用任何"非构造性"方法。如果一个数学证明采用的一个对象是不能明确构造出来的，那么这个证明就是非构造性的。

例如，假设我对数字 n 的定义如下：

$$n=\begin{cases} 0，如果 2371 年 4 月 5 日匹兹堡下雨。 \\ 1，如果 2371 年 4 月 5 日匹兹堡不下雨。 \end{cases}$$

构造论者会说 n 还没有被明确定义，因为目前我们没有办法明确说出 n

是什么。它（在目前）不是可构成的。

但是我们不能说无论 n 是什么，它都小于 2 吗? 毕竟 n 不是 0 就是 1。

构造论者会说不，我们不能说 n 小于 2。构造论者可能这样解释："如果你能向我证明 2371 年 4 月 5 日匹兹堡会下雨，那么我们会知道 $n=0<2$。如果你能向我证明 2371 年 4 月 5 日不会下雨，那么我们就会知道 $n=1<2$。否则我们什么都不知道。"

构造论的主要问题（如果你不是一个构造论者）是它有限定性。构造论者不可能体会到数学中其实很可爱的那部分。让我来给你讲一个吧。

请你先回想一下 $\sqrt{2}$ 是个无理数，即它不能以 n/m 表示（n 和 m 是整数）[1]。现在，因为我们可以这样写:

$$\sqrt{2} = 2^{\frac{1}{2}}$$

也就是说，我们有这样一种表达形式:

$$a^b$$

两个数字 $a=2$, $b=\frac{1}{2}$ 都是有理数，但 a^b 是无理数。下面这个定理说明反推也是成立的。

定理: 有无理数 c 和 d, 两者不是一定要不相同, 这样一来 c^d 就是有理数。这是证明 —— 能说服你吗?

证明: 考虑到

$$\sqrt{2}^{\sqrt{2}}$$

既是有理数也是无理数。如果是有理数，则一定存在无理数 c 和 d, 这样 c^d 就是有理数，也就是说

$$c=\sqrt{2} \text{, 而 } d=\sqrt{2}$$

从另一方面讲，如果 $\sqrt{2}^{\sqrt{2}}$ 不是有理数，则 c^d 就是无理数。既然这样，让

---

[1] 对此证明请见网站。

$$c = \sqrt{2}^{\sqrt{2}}, \text{ 和 } d = \sqrt{2} \text{ 。}$$

这些都是无理数，而

$$c^d = \left(\sqrt{2}^{\sqrt{2}} \right)^{\sqrt{2}}$$

$$= \sqrt{2}^{\sqrt{2} \cdot \sqrt{2}}$$

$$= \sqrt{2}^{2}$$

$$= 2$$

我们再次有了无理数 c 和 d，这样 c^d 是有理数。

证明完毕。如果 $\sqrt{2}$ 是有理数，我们会有 1 个 c 和 1 个 d。如果 $\sqrt{2}$ 是无理数，我们会有 1 个 c 和 1 个 d。因为 $\sqrt{2}$ 既是有理数也是无理数，所以我们证明了这个定理是对的。

构造论者反对这个证明。他们坚持认为这个定理的证明必须推定一个无理数 c 和一个无理数 d，这样 c^d 才是有理数。在这个证明的结尾，我们没有明确的无理数 c 和 d 来证明 c^d 是有理数[2]。

但是，你是怎么想的呢？这个推理是危险而不合法的吗？还是挺有趣可爱的？

我忍不住要给你们讲一讲我儿子七岁时发生的一件事。弗莱德、我妻子和我三个人正一起吃晚饭。弗莱德和我们讨论"其余的人"。他给其余的人下的定义是某人在某些方面和其他所有人不同。他说"我们都是其余的人。爸爸，你是其余的人，因为你在吃芝士汉堡，而我和妈妈在吃火腿汉堡。我是其余的人，因为我喝的是牛奶，而你和妈妈喝的是蔓越橘汁，而妈妈，你也是其余的人，因为你是唯一一个不是其余的人的人"。

我不是构造论者，但我总是想知道妈妈在哪一方面不同？

在任何领域讲伦理道德都很难。我们该回归到创造力上了。

---

[2]这暂且作为这个定理的唯一证明。稍后，会出现一个构造性证明。

第二十二章

融合

数学家和主厨唯一要做的事情就是解决问题。对两者而言一个更重要的活动是创新。主厨会创造出新的，有时是极其美味可口的菜肴。数学家创造出新的，有时是令人着迷的数学结构。

有人可能会预期数学家和主厨在如何创新方面将会有本质上的区别。但是，就像解决问题一样，他们的创新模式是相同的。其中之一就是融合。将两个已有的旧事物放在一起，有时会有新事物产生。

烹饪方法的融合

烹饪方法在创世之初就在被融合。两种文化无论何时相遇，风味、食材、烹调技法都会被交换，这些会随意、自然而然地发生。

有时，其中一方对交换的结果比另一方更加激动、兴奋。美国外来移民群体创造出的菜肴（中国菜、意大利菜、墨西哥菜等）是被除掉原汁原味特性的变体，但是它们极大地丰富了美国人的餐盘。

有时交换融合的结果大于各部分之和。墨西哥菜就是一个很好的例子。它是美国本土与西班牙烹饪方法高度结合的产物。

我喜欢将菜式 A 的技术与菜式 B 的风味相结合这种创意。我最常见到的这种结合中 A 是欧洲文化，而 B 是亚洲文化。但我有一些使其向更好的方向转变的想法。这就是其中一个：它将中国菜的烹饪技术与意大利风味相结合，这两种菜式会产生交集是因为它们都喜欢面条。

黄花烟锅贴[1]

面皮的制作方法：

　　2½ 杯面粉

　　1¼ 杯开水

　　将水打入面粉中同时快速搅拌。到无需搅拌时开始揉面，视需要补加面粉。但是要注意，面很烫。直到生面团变得光滑时停止揉面。将生面团包裹在保鲜膜中，醒几分钟。

馅料的制作方法

　　2 个蛋黄

　　340 克全奶意大利乳清干酪

　　110 克分别切碎的意大利熏火腿、摩泰台拉香肚和马苏里拉奶酪

　　2 汤匙新磨碎的帕玛森乳酪

　　依个人口味准备新磨的黑胡椒粉

烹饪方法

　　食用油

　　热水

　　带盖煎锅

　　取出蛋黄，打入乳清干酪，然后加入剩下的食材。

　　生面团取⅙，分成 6 份，将每一个都擀成薄圆饼，直径大概 3~4 英寸。在圆面饼上放 1~2 汤匙馅料，对边相接包裹住馅料，封住口。剩下的面团依此法做完。

　　煎锅内放薄薄一层食用油，加热。变热后将 6 个饺子放在煎锅内，不加盖，直到饺子底部变色（很快就会变焦），然后锅内倒入几大汤匙水，盖上锅盖。加进来的水会沸腾，将馅料蒸熟，并被面皮吸收。

---

[1] 改编自艾琳·郭的《中国菜烹饪要诀》（knopf 出版社 1977 年出版）和马赛拉·哈赞的《经典意大利菜》（knopf 出版社 1978 年出版）

大约 2 分钟后，开盖，继续烹饪，直到锅贴出现可爱的焦褐色。出锅，再加入油，继续烹饪剩下的饺子。

说明：
· 锅贴就像大的油炸意大利饺，只要馅料和面皮的比例相称，它好像也属于意大利菜。
· 当然，你不希望饺子粘在煎锅上。这时一个不粘锅就很有用了，我用的就是。但是锅贴比聚四氟乙烯（不粘锅涂层）出现得要早，所以一个普通优质煎锅也能用。
· 我在炉子旁边放了一壶热水。有时我会加水过多，超出面皮能够轻松吸收的量，那么我必须将超出的水汽化掉。
· 其他很多种馅料都很好吃。我试过螃蟹、龙虾，还试过米熏鸭。

我曾在菲律宾住过几年，非常开心。我尤其喜欢那儿的一种午后点心（小吃）帕里淘。这是一种手工米粉，米粉做成薄而细长的圆盘。吃的时候撒上糖和烤熟的芝麻，好吃又有嚼劲。

当我在寻找不含麸质的比萨（第一章）时，我曾想过帕里淘是否可以。如果你喜欢下面这道菜肴，那它就算有用了。这道菜可以说是菲律宾菜、意大利菜和犹太菜的结合体。

洛克西淘[2]

4 汤匙黄油
¾ 杯多脂奶油
230 克燻鲑鱼或者切成薄片的冷熏三文鱼
新磨的黑胡椒

---

[2]改编自埃弗雷姆·丰吉·卡林格特和杰奎琳·黛丝·瑟韦尔的《意式面条和米饭》（企鹅公司 1987 年出版）和恩瑞奎塔·大卫·皮尔兹的《菲律宾菜谱》（国民书店 1972 年出版）

2 杯黏（糯）米粉或者更多

1 杯水

柠檬片

黄油融化，加入奶油，加热直至浓稠变厚。关火。

将 1 杯水和 2 杯黏米粉混合在一起。你可能会觉得黏稠而又一团乱。一点点地再加入米粉直到面团黏合度刚刚好，并且用手就可以将它们团成球。这是一种令你惊喜的东西，有一点潮湿气，可能会让你想起弹性橡皮泥。

将三文鱼片切成小块，大概一元硬币大小。

烧一壶水。水开始沸腾时，取一点黏米，团成直径大概 ¾ 英寸的球。用你的手指，将球压成薄而细长的圆饼。将圆饼放入沸水中。继续做圆饼，放入水中。你需要给自己的手指覆上一层干米粉。过一会儿，煮沸的圆饼会浮到沸水表面。这时就算做好了。将圆饼舀出，沥干水分后放入酱汁中调味。不时搅拌防止圆饼彼此粘连在一起。

这个处理过程会需要一段时间。最后将三文鱼加入酱汁中，搅拌均匀。上面撒上磨细的胡椒，吃时配柠檬片。

数学上的融合

数学领域中的融合一直都有。其中一个著名的例子就是微积分学。微积分学的本源问题是作为几何学问题被思考的：计算面积、构建切线。17 世纪时，人们用代数学来解决这些问题，对此不是所有人都开心接受的——这难道不像我们对待食物、菜肴吗？有人认为用代数学会玷污几何学的纯洁（就像用搅拌机取代研钵和研杵去做香蒜沙司，不再将各种配料放在一起手工捣碎）。[3] 你可能会觉得能让我们获得成功的方法应该会被普遍认可的，但是数学家也关心美学。

拓扑学产生于 19 世纪，是一个完完全全的融合体。它从几何学对象开始，

---

[3] 托马斯·霍布斯提供了一个很好的例子。他不是数学家，甚至连哲学家都不是，他是一位有影响力的批评家。他将约翰·沃利斯的圆锥曲线研究描述为"结疤的记号"。

但是忽略了距离和角度，运用分析学研究对象。后来，拓扑学引入了代数学、集合论和图论。如今，几乎触及数学的每一个分支领域。

让我来告诉你弗莱德和我在第十章和第十八章中介绍的盒子的融合是如何产生的。

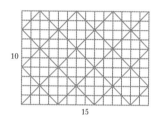

用盒子进行研究的灵感来自矩形（第六章和第八章）。

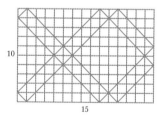

这些都是几何学，但是矩形涉及数论。如果矩形的边有一个公因数（例如，它们不互素），这样你会发现一个环状图形，是一条不碰触任何角的闭合的路径。

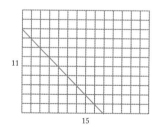

如果它们没有公因数（互素），每一条对角线

都不可避免地通向一个角。

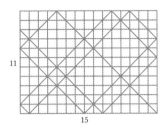

那如果是盒子会怎么样? 如果盒子的尺寸维度有一个公因数, 就会形成一个环, 这是真的。

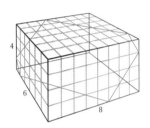

但即使不存在公因数, 也会有一个环。

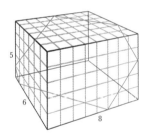

那接下来会怎么样? 弗莱德和我决定将数论和几何学融合在一起。我们认为这可能是不同类型的"互素", 也就是说我们也许能够定义出"盒子互素"。

定义: 如果 $a \times b \times c$ 的盒子没有形成一个环, 那么三个正整数 a、b、c 为盒子互素。

这个概念说的是"盒子互素"与"互素"类似, 会告诉我们一些关于盒子的信息。

我们取得了一些成功。这是示例。数论中有一个简单的方式可以找出两个数字是否互素。你要做的是任取两个数

$$42 \qquad 33$$

用较大的数减去较小的数

$$42 \qquad 33$$
$$9 \qquad 33 \quad （42-33=9）$$

继续下去，一直用较大的数减去较小的数，

$$42 \qquad 33$$
$$9 \qquad 33（42-33=9）$$
$$9 \qquad 24（33-9=24）$$
$$9 \qquad 15（24-9=15）$$

直到减法的结果不会再有改变时停止。

$$42 \qquad 33$$
$$9 \qquad 33$$
$$9 \qquad 24$$
$$9 \qquad 15$$
$$9 \qquad 6$$
$$3 \qquad 3$$
$$3 \qquad 0$$
$$3 \qquad 0$$
$$3 \qquad 0$$

如果你在 1 和 0 出现时停止减法，则最开始的两个数互素，否则就不是。在我们所说的这个例子中，42 和 33 就不互素，因为减法终止在 3 和 0。（3 其实是 42 和 33 的最大公因数）。

再一个例子：42 和 31 互素。

$$42 \qquad 31$$
$$9 \qquad 31$$

9	22
9	13
9	4
5	4
1	4
1	3
1	2
1	1
1	0

这个方法被称为欧几里得算法。

那盒子和三维尺寸会如何呢? 我们花了一些时间, 但是我想我们已经知道怎么做了。给出三个数字, 较大的数字减去两个较小的数字。例如, 如果盒子的外形尺寸是 9、26、15。

9	26	15
9	2	15（26-15-9=2）

继续减

9	26	15
9	2	15（26-15-9=2）
9	2	4（15-9-2=4）

用欧几里得算法继续直到结果再无变化。

9	26	15
9	2	15
9	2	4
3	2	4
3	2	-1

（继续减, 即使数字变成负数!）

9	26	15
9	2	15
9	2	4
3	2	4
3	2	4
3	2	−1
2	2	−1
2	2	−1
1	2	−1
1	2	−1

这里出现的负数似乎很荒谬，但是坚持下去。如果你能以

$$1、0 和 0$$

或者　　　　　　　　　　　　$$1、1 和 -1$$

或者　　　　　　　　　　　　$$1、2 和 -1$$

结束计算，我们就能证明[4]。

如此一来，最初的 3 个数字组合（9、26、15）就是互素，也就是说会有环形回路出现。例如，在尺寸为 9 × 26 × 15 的盒子中，任意一条对角线

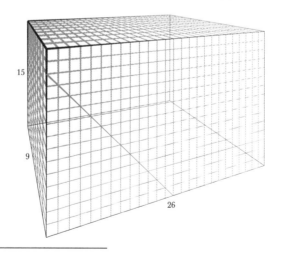

---

[4] 但我在此就不做证明了。网站上有一个链接，会更新对盒子的讨论。

最终会碰到一角。

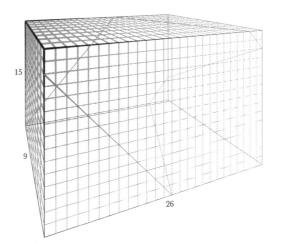

注意，对于尺寸为 5×6×8 的盒子来说，这个方法

5	6	8
5	6	-3
5	4	-3
4	4	-3
3	4	-3

说明也会出现环形回路（正如我们在前几页看到的一样）。

这是数论和几何学的一个奇怪融合！有很多问题需要解答。给出了盒子的尺寸，那路径的长度是多少？有多少个环形回路呢？

如果你想玩一玩这个，我们有一个可以在纸上玩的方法。我们假设你想试试 5×6×8 这个尺寸的盒子，那么先画出底，即一个 5×6 的矩形。

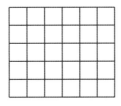

要探究从一角引出的路径，你需要沿着底部开始。

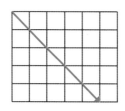 

当你走到一条边时，再走 8 步（盒子的高度），绕着这一边（你正在盒子的侧面攀爬）。

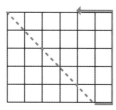 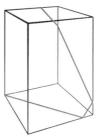

现在你在盒子顶部，可以继续走，穿过顶部……

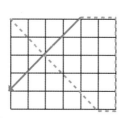 

以此类推。

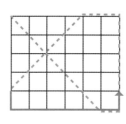 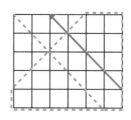 

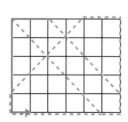 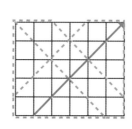 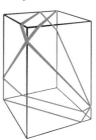

第二十三章

万物聚合

我写这本书的目的是要证明

数学和美食烹饪学实际上是相同的。

我尤其要为以下主张辩护（我已经成功了，你不这么认为吗？）：

· 我们做数学和烹饪的原因或多或少是相同的。（第三、四、七、八章）

· 我们解决数学问题的方法也是我们解决烹饪问题的方法。（第二、六、十二、十三章）

· 我们判断数学和食物的标准几乎相同。（第五、十四、十七、十八、二十章）

· 数学领域和美食烹饪领域的生活非常相似。（第一、九、十、十二、十五、十六、十九、二十一、二十二章）

根本内容是：如果你是一个成功的、有创造力的厨师，你也能做数学。而如果你是一个成功的、有创造力的数学家，你也能烹饪。这仅仅是一个关于欲望和意愿的问题。相同的态度看法，相同的心智方法，相同的解题能力会推动你向前进。

现在，抱有偏见的读者会说——

好吧，是这样，但是为什么是烹饪？你不能将数学和文学联系在一起吗？或者水暖工的工作？投资银行？电影艺术？身份盗用？数学和短道速滑怎么样？

我不得不说这位抱有偏见的读者说得对。

这本书其实更多是想说明数学并不那么特殊。它从根本上与其他大部分领域的尝试和努力是相似的。我们感谢抱有偏见的读者的观察，我们将其应用到上面所说的第二点，得出

如果你能做数学，你就能做任何事。

我所阐明的目的就是要证明数学和烹饪（几乎）相同。我秘而不宣的目的是提升有趣事物的地位。我认为有趣的事物是非常好的，太多人认为这只是 …… 闹着玩的。

我支持有趣的事物的理由非常简单。

- 如果你做某件事感到开心，你就一直做下去。（第一、五、十三、十七章）
- 如果你坚持做某件事情，你会变得更好。（第六、八、十二、十三、十七章）

而这些观点引导我们得出

有趣的事物会带来生产力。

我们很难就此展开争论，但是持怀疑态度的读者可能会说：

你会因它变得更好？什么会更好？这本书里出现的事情大部分是无价值的东西 —— 游戏、涂鸦、智力谜题、纸牌魔术！怎么能"带来生产力"？

无价值的东西？无价值的东西？！

好吧，可能如此。

但是当你说到"无价值的东西"时，我想你谈论的正是"用于娱乐的东西"。

我们所说的所有例子（我希望）都是用于娱乐的东西，这就意味着你从数学中获得的所有技能、所有力量、所有智慧也能从用于娱乐的东西中获得。换句话说，在持有怀疑态度的读者和抱有偏见的读者的帮助下，我们真的证明了

如果你能玩用于娱乐的数学，你就能做任何事情。

这就说明了一切。

第二十四章

万物分离

我之前提及的我的方法，可以描述为

- 行动起来，去尝试。
- 如果不行，再试试别的。
- 犯错，并从错误中学到东西。
- 计划是给懦夫的。
- 如果你玩得高兴，谁会在意你是否得出答案？

这方法永远有用？嗯，并不。我不妨坦白告诉你，反正你自己也可能会发现。

如果这个方法对你来说行不通，我想说的是：

1. 如果你花费数小时／数天／数周／数年，用我的方法解决某个问题而不成功，你也没有浪费时间，因为

- （我希望）你体会到了乐趣。
- 你增长了智慧。
- 你现在对这个问题的理解层面更深了。

2. 你可以一直用标准方法进行尝试。读书，看攻略、问周围的人、上网。你的问题可能如此之难，以至于没人能解。

3. 但是我的方法重要之处在于

- 大部分时候是行得通的。
- 任何人都能用，不论天资或经验。

• 它是一个简单的存在，这意味着没有人会在没用过它之前就言之凿凿地说"试了也无济于事，我做不到"。

从另一个角度说 ——

如果你认为问题在于缺乏智慧，那你还没有尝试过如何沉默。

4. 在针对问题进行不成功的尝试这方面，我远远走在你的前面。几十年来我处处碰壁。成功的数学家和厨师习惯于失败。我交过手的问题已经解决5%到10%。这可能是数学家的特点[1]。

我要给你两个例证，一个是数学方面的，一个是烹饪方面的。两者我都宣告失败 —— 虽然取得了部分进步，但是没有解决方案。

一个卑鄙、阴险、缠人的问题

我曾在世界上受众面最广的数学期刊《美国数学月刊》上看到一篇关于这个问题的文章[2]。我们就称它为"灯的问题"。在这个问题中，n 盏灯被摆放成一个圆形，所有灯都是开着的，一个箭头指向其中一盏灯。

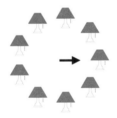

如果这盏灯左侧（沿顺时针方位）的灯是亮着的，则拉下这盏灯的灯绳（关灯）。在这种情况下，其左侧的灯是亮着的，所以你需要拉下灯绳。然后箭头顺时针移动一盏灯位。

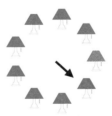

[1] 我认为我的烹饪做得更好。但结论完全取决于你所说的失败是什么。
[2] 劳伦特·巴尔托迪《灯、因数分解和有穷领域》。

现在你需要重复上述操作，因为左侧的灯是关着的，所以你不需要拉下灯绳，但是要移动箭头。

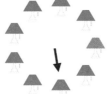

继续前面的操作，这一次你需要拉下灯绳。

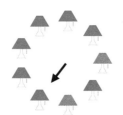

只要继续下去，最后（可能是很长时间之后），所有的灯都恢复到开启状态。灯的问题是一个查找问题，根据数字 n（灯的数量），需要多少步才能使所有的灯再次点亮。上图中有 9 盏灯，在这种情况下我们需要 73 步。

这个问题尚未解决。没有人发现计算步骤的公式。

着手处理难题的方法有很多。其中之一是将其分解、剖析成若干个较小的问题。我看到的这篇文章就是这样处理灯的问题的，并且也解决了几个较小的问题。但是整个问题还未被解决。

另一个方法是将问题视为某个更大问题的一部分。

有时更大的问题实际上更容易解决，因为你正以不同的立场和观点看待事物。这就是我所做的事情。我发现了一个更大的问题，但是它并不是更容易被解决。我称其为蛇的问题。

一条蛇长度为 j（在这个示例中 $j = 9$）。

假设它以迂回曲折的形式四处蛇行。

随后断开

移位

重新组合成一条新蛇。

这个动作基本上对数字1到j进行了重新排列。

蛇的问题是关于发现的问题。知道了j，你必须经历多少次蛇行、断开和重组，回到最初的那条蛇。这条有9节的蛇需要7步。

原来如果你能解决蛇的问题，你就能解决灯的问题！灯的问题中n盏灯与蛇的问题中蛇的长度是相同的。

$$j = 2^n$$

例如，算出这一组灯

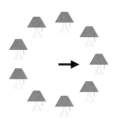

你只需分析这条蛇！

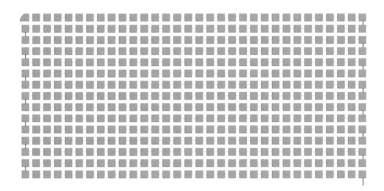

因此，蛇的问题是更大的问题。实际上只有一部分蛇的问题（蛇的长度是 1，2，4，8，16，…）是灯的问题所需要的。

但是，唉，我不能解出蛇的问题，至多能解答灯的问题。相反，我又提出了一个问题。我称它为粘性反弹问题。

"粘性反弹"是当一个颗粒碰到某个表面后

再与表面成 90 度角反弹出去。

现在，想一想，一个等边三角形的边长为 q（在这个示例中 $q = 7$）

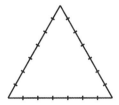

从底边与左下角距离为 1 处开始，一直向上直到碰到三角形的一条边。以粘性反弹的形式弹开，与所碰及的那一边成 90 度角。

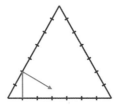

结果是，如果 q，即等边三角形的边长是奇数，你最终会回到起点。

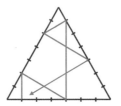

粘性反弹的问题是关于查找的问题。根据 q，在你重新回到起点之前，反弹的整条路径上会有多少节。对这个 7 三角形（边长为 7 的三角形）来说，一共有 6 节。

粘性反弹其实是偏离轨道的。这个粘性反弹问题没有与蛇的长度 2，4，8，16 … 相连。我所发现的是，如果一个三角形的（奇数）边长为 q，其路径的节数为偶数，那么节数与长度为 $2q$ 的蛇的问题的答案一致。换句话说，因为边长为 7 的三角形（前文）有 6 节，长度为 14 的蛇

需要 6 步。

但是如果路径节数是奇数，那么答案就是长度为 $2q$ 的蛇的问题的答案的一半。换句话说，因为边长为 11 的三角形，路径有 5 节，

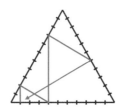

所以，长度为 22 的蛇需要走 10 步。

但是，唉，我没能解决粘性反弹的问题！

这样一来，我真正完成的是什么呢？没什么！但是我觉得很开心，而且我发明了两个让我感兴趣，也可能会让其他人感兴趣的谜题。

而我还没有做完，我打算在这上面再多做一些事情。我会将谜题的相关消息在本书的网站上公布（现在已有一些关于粘性反弹的信息）。

一道快乐的素菜

素菜的菜谱成千上万。素食厨师非常有创新性。素食菜肴味道极好又有营养。当然，它们无法满足每一个人的要求，但是它们能满足普遍需要，并且风味多样。

素菜适合各种场合 —— 除了一种场合。这与（用香肠原料肉）代替烤火鸡不能相比，并不存在里程碑式的值得庆贺的素菜菜式。

我想说的不是素菜成分看起来或者尝起来像烤火鸡（例如豆腐火鸡）。我将火鸡想成一种习俗。火鸡不只是一餐饭，它是对富足、家庭[3]和国家的一种庆祝。它是多维度盛宴，需要花费数小时准备、烹饪，还要花数小时吃，再用几周时间排出干净。

有些令人久久回味的素食创新 —— 例如，莫利·卡曾的魔法花椰菜盛宴。但是我还没有看到任何能真正代替烤火鸡的东西。我在这里发出的挑战（我已经多次应对这个挑战了）是要创造出一种素食菜肴，可以：

1. 让我们觉得我们是一个大家庭。

2. 让我们觉得我们生活在一个伟大的国家。

3. 挚爱我的人在厨房忙了好几个小时为我准备，而我也很爱每年吃一次。

---

[3] 除非你的家庭成员中包括一位素食主义者。

我尝试过了，并坚持尝试。我不是素食主义者，但是我经常为素食主义者做菜，例如，感恩节的时候。

惠灵顿蔬菜

这是最初的尝试，我没有确切地记录自己做了什么，但是惠灵顿牛肉是非常好吃的菜。将一块牛腰部的嫩肉浸泡在卤汁里，然后抹上一层嫩煎蘑菇丁、马德拉酒、青葱和鹅肝酱，之后放在做千层饼的容器中烘烤。

我依然认为惠灵顿蔬菜也可以这样做。无论我做什么都会有人欣赏，总有人爱吃，但是我很失望，不再尝试了。

串烤茄盒

这道菜告诉我尝试的过程中会出现的危险。我曾遭遇过。我将塞满馅料的茄子串起来，放在火上烤。一切似乎都很好。它开始上色，疏松。

我回到厨房去准备酱汁。我想我永远不会忘记当所有东西变成火焰时我的客人们发出的尖叫声。

龙甲卷

我认为这个有极大的潜力。"龙甲"是豆腐皮，一种超薄的豆腐片，原本是冷冻的。你需要将这些皮解冻，在上面涂上油和美味可口的东西，然后再多用几层豆腐皮卷绕住一些有特别香味的东西。油炸，外层会变得很脆。

我用豆腐皮包了传统火鸡。我的想法是这样的，豆腐可以提供一餐中的蛋白质，我可以用蔓越橘酱汁、土豆泥和某种肉汁配这道菜。

还不赖。但是缺少分量。火鸡肉有一种不容忽视的坚实的存在感，但是这道菜没有那种感觉。

素食豆焖肉

豆焖肉是一种用肉类和调味汁做出的味道丰富的豆类菜肴。豆类是主材，但是肉非常重要：猪肉、羔羊肉和鹅肉。我曾做过一道没有令人印象深刻的素食豆焖肉。我决定做些特别的。

我以茉莉娅·查尔德在《精通法餐烹饪艺术》中提供的豆焖肉菜谱为基础，使出浑身解数。结果非常棒，但是与我的目标略有不同。我是这么做的：

900 克白豆

我将这些白豆放到沸腾的水中，让水重新煮至沸腾，然后关火，让豆子浸泡一小时。

3 个小黄金甜菜

2 根防风草

1 个丰满的胡萝卜

2 个大个青葱

一些小贝拉蘑菇

2 个番茄

1 头大蒜

这些我会涂上花生油，然后热煨（烤）一下。

一个伪汉堡的制作方法（第 46 页）

甜胡椒

月桂树叶

白兰地酒

大蒜

松露（松露盐也可以）

加这些草本植物是茉莉娅制作香肠的方法，我将它们加入伪汉堡。我将混合物做成丸子，煸成褐色，用些东西稀释锅底的糊块，但是我忘了是什么。

很多栗子肉

这些我用水煮开，然后去壳，之后用黄油炒。都做完后我有大概 1⅓ 杯栗子肉。

1个甜的红椒
我用煤气火焰将其弄黑，剥落烧焦的表皮后切碎果肉，用黄油炒。

1个大洋葱
我用黄油将其炒成焦糖色。

1包经典法式金香草精华[4]
2杯白苦艾酒
2片月桂叶
1个小枝百里香
几块帕尔玛干酪
豆子
做完所有这些我用了一个半小时。

大块切尔达干酪若干
小块黄油若干
最后我将这些和其他所有东西放在一个焙盘中烤了一会儿。

我做成了什么? 不是很多! 但是我觉得很高兴，我设计出几道自己感兴趣，别人或许也会感兴趣的新菜品。

我没有做完，但打算做得更多。我会在这本书的网站上公布新消息（现在网站上有豆腐奶油多层夹心蛋糕的制作方法）。

---

[4]一个品牌的名字，专注于做蘑菇汤。

第二十五章

证明和布丁

我将会以一个证明和一个布丁结束这本书的写作。两者都是核心，用的材料都惊人的少。每个都用自己的方式让人觉得酷毙了，也不可思议。

证明

我在上大学时出于好玩，决定提出一个数学定义"美好集"。

堪称美好的集其实是关于什么的呢？我想，一个美好集不应该有任何坏东西在里面，例如，它的真子集不应该是坏的。真子集是一个子集，不是全集。例如，集 $\{a、b\}$ 有 4 个子集：$\{\ \}$、$\{a\}$、$\{b\}$、$\{a、b\}$，但是其中只有 3 个是真子集 —— 最后一个子集不是真子集，因为它是个全集。

因此，真子集不应该是坏的，这样就意味着它们是美好的！这个想法引出这样一个定义：

定义：一个集，当且仅当其所有真子集是好的，这个集就是美好集。

但是，这是一个荒谬的定义！我用"美好"一词对美好下定义。这怎么能说得通呢？

但是无论荒谬与否，这个定义真的产生了结果。

定理：所有有限集是美好的。

证明：假设定理是错误的。我们会看到这个假设会将我们引向矛盾、不可能。这就向我们证明了这个定理不能是错误的，必须是正确的。

因此，假设这个定理是错误的，那么一定会有不美好的有限集。设 Z 为最小的不美好有限集。因为 Z 不美好，那它一定有一个真子集，W，是不美好的。因为 Z 是有限集，W 比 Z 小（记住 W 不等于 Z）。

但是我们选择 Z 作为最小的不美好集，这就意味着所有比 Z 小的集都是美好的！因此 W 是美好的。这是个矛盾！

因此，这个定理不能是错的，所以一定是正确的！

Q.E.D.

布丁

想象一下，一个只需要三种材料的布丁。你把材料放在一起，就让它们自己待着。你不用烹饪，不用留心查看，也不用给它们任何指导或者建议。但不知何故，它们知道该做什么。它们会凝结定形，成为布丁。

蓝莓慕斯

1 杯蓝莓
1 个大柠檬
3 汤匙糖

蓝莓清洗干净后沥干水分，去掉所有根蒂。将蓝莓放入搅拌机，加入磨碎的柠檬皮和柠檬汁。加入糖。

混合。

将混合的材料倒入 6 个高脚杯或者奶油杯。用塑料保鲜膜盖住，放入冰箱冷藏。

这就行了。

一个证明和一个布丁。

都很简单，都会让你好奇为什么它们能行。

图书在版编目（CIP）数据

证明与布丁 /（美）吉姆·亨勒著；殷倩译 . — 长沙：湖南科学技术出版社，2019.8（数学圈丛书）
ISBN 978-7-5357-9808-4

Ⅰ . ①证⋯　Ⅱ . ①吉⋯　②殷⋯　Ⅲ . ①数学—普及读物　Ⅳ . ① O1-49

中国版本图书馆 CIP 数据核字〔2018〕第 107213 号

The Proof and the Pudding
Copyright © 2015 by Princeton University Press

湖南科学技术出版社通过博达著作权代理有限公司独家获得本书简体中文版中国大陆出版发行权
著作权合同登记号：18-2015-107

数学圈丛书

ZHENGMING YU BUDING
证明与布丁

著者	**版次**
（美）吉姆·亨勒著	2019 年 8 月第 1 版
翻译	**印次**
殷倩	2019 年 8 月第 1 次印刷
责任编辑	**开本**
吴炜　王燕	880mm×1230mm　1/16
出版发行	**印张**
湖南科学技术出版社	10.75
社址	**字数**
长沙市湘雅路 276 号	163000
http://www.hnstp.com	**书号**
湖南科学技术出版社	ISBN 978-7-5357-9808-4
天猫旗舰店网址	**定价**
http://hnkjcbs.tmall.com	58.00 元
印刷	（版权所有·翻印必究）
湖南凌宇纸品有限公司	
厂址	
长沙市长沙县黄花镇黄花工业园	
邮编	
410137	